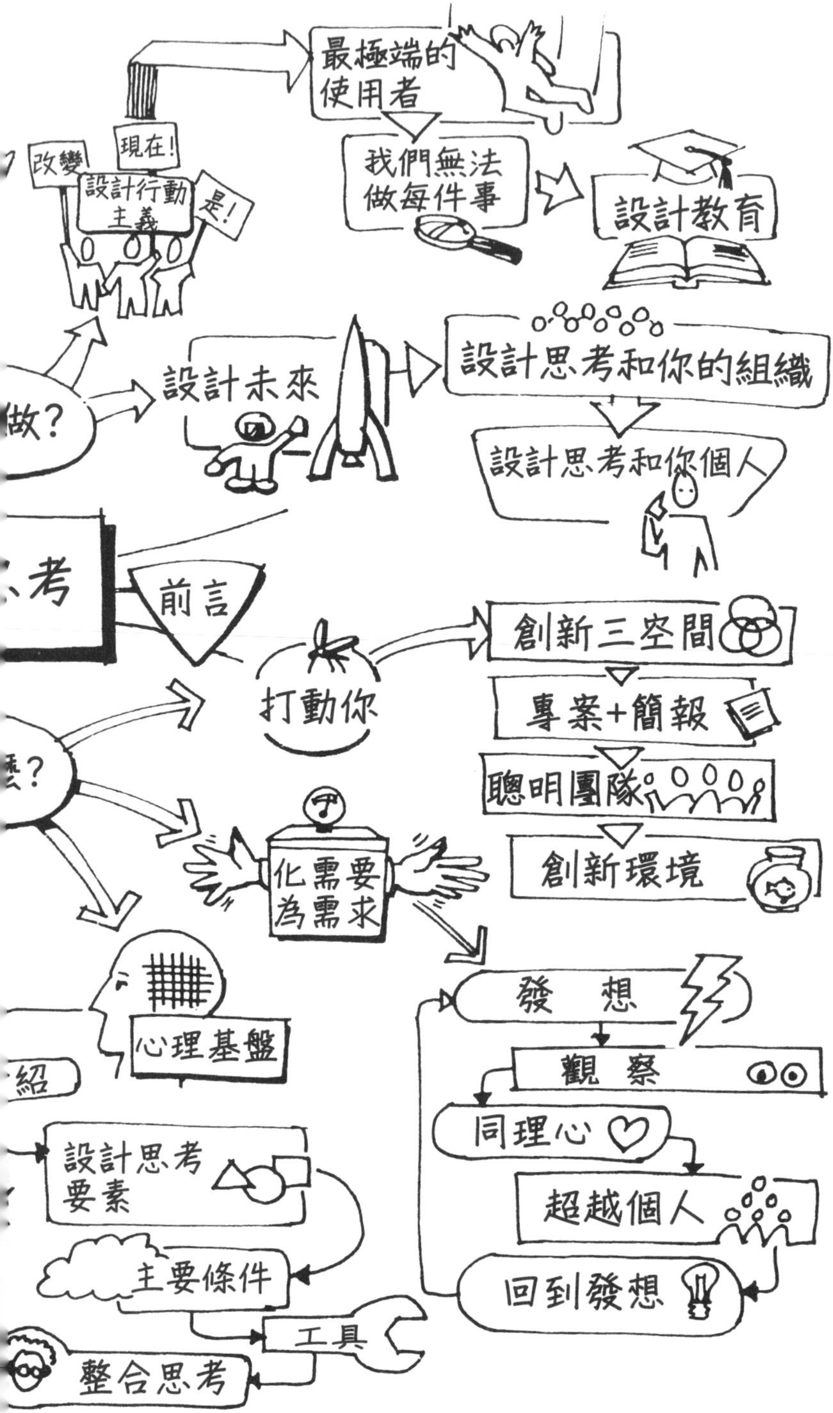

最極端的使用者
改變
現在!
設計行動主義
是!
我們無法做每件事
設計教育
做?
設計未來
設計思考和你的組織
設計思考和你個人
考
前言
打動你
創新三空間
專案+簡報
聰明團隊
創新環境
化需要為需求
心理基盤
紹
發想
觀察
同理心
超越個人
回到發想
設計思考要素
主要條件
工具
整合思考

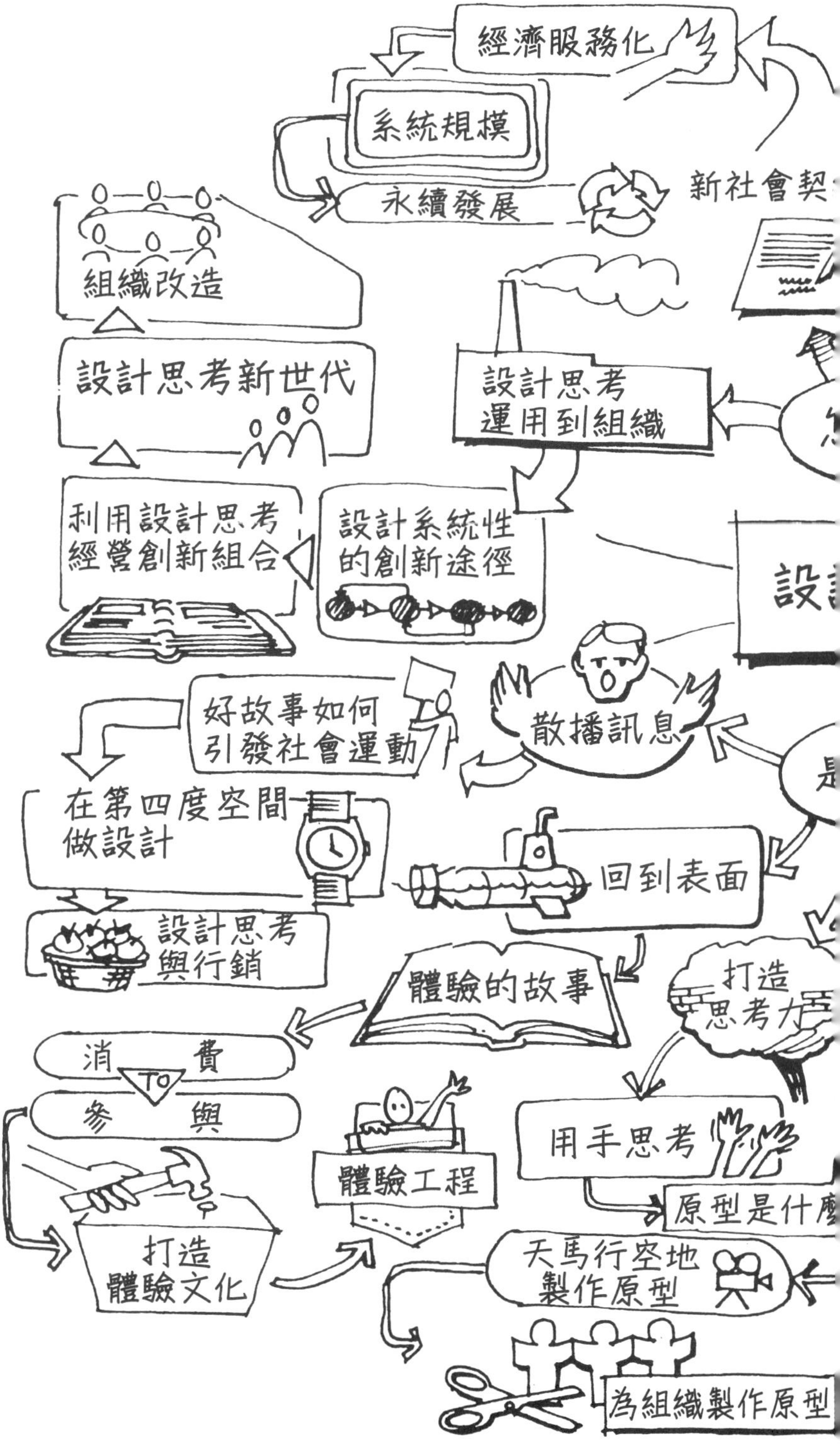
經濟服務化
系統規模
永續發展
新社會契
組織改造
設計思考新世代
設計思考
運用到組織
利用設計思考
經營創新組合
設計系統性
的創新途徑
好故事如何
引發社會運動
散播訊息
在第四度空間
做設計
回到表面
設計思考
與行銷
體驗的故事
打造
思考力
消費
TO
參與
用手思考
體驗工程
原型是什
打造
體驗文化
天馬行空地
製作原型
為組織製作原型

設計思考改造世界
十周年增訂新版

Change by Design

How Design Thinking Transforms Organizations and Inspires Innovation

提姆・布朗——著
吳莉君、陳依亭——譯
Tim Brown

目次

PART 2 設計思考怎麼做？

國內外學者、名家聰明推薦（按姓氏筆畫排列）

◆閱讀IDEO執行長的這本著作，我很訝異IDEO所做的與水越一直趨向的設計理念與方法這麼貼近，更驚訝的是IDEO已經發展到這麼深入與巨大。當絕大部分的台灣設計公司還停留在為客戶量身訂做的階段，IDEO已經遠遠超越，開拓設計者的舞台，引領著客戶朝未來整合創意、更大設計價值前進，這些都讓我由衷地忌妒與羨慕。優秀的設計是沒有底限的，每秒湧現各種可能性與執行方式，每天都有新的挑戰，不斷地反覆思考與溝通。設計者最大的成就是挑戰各種難題。身為設計師你一定要知道，製作美的設計，只是基礎設計，改變與引領趨勢才是目標。看完這本書，相信你會有一股能量產生，帶你去更遠的地方。

——**周育如**（水越設計創辦人）

◆台灣高鐵規劃之初，各方一致看好，台灣西部走廊需要高運量、快捷的運輸工具；不幸的是，高鐵公司營運以來，虧損連連，大股東紛紛退出。高鐵公司最有效刺激需求的方法，似乎是各種促銷手法。全民健保開辦之初，各方一致看好，全體台灣民眾需要高品質的醫療照護；不幸的是，全民健保開辦以來，虧損連連，健保局最有效的對策，似乎是提高健保費。不只是本書中所舉的例子，看到各種設計思考可能提升人民生活品質的應用，台灣的設計瑕疵案例更是俯拾皆是。設計思考（design thinking），也許可稱為設計策略（design strategy），告訴我們要以人為中心，而不是以科技為中心，設計以人為本的體驗系統，才能真正改造組織、激發創新。畢竟，設計始終來自人性。

——**洪順慶**（政治大學企管所教授）

◆今天的設計理論、方法與工具多如過江之鯽，大多只能將人搞得更混亂，沒被困死在其中，恐怕就是一種奇蹟了。但每回想到ＩＤＥＯ，總感到一種回歸本心的自在與單純。ＩＤＥＯ每個例子都像在鼓舞我們的自信，帶人發覺自身面對問題時的思考本能，在順乎人性當中自然開啟想像的空間。他們印證了設計思考並不玄奧，也不是設計師的專利，而是可以讓每個人積極面對各種變局的有力武器。一種探究單純本質的思考方式，與不追尋虛妄目標的態度，可能正是我們迎戰嚴峻課題的心法。

——**胡佑宗**（唐草設計創辦人）

◆ 這是一本航行於「創意經濟」瑰麗之海的動態腳本，在世界從勞力密集走向腦力密集，以及從1.0走向3.0的過程中，挑戰政府、企業、非營利組織及所有工作者的想像力、創造力、整合力、執行力及未來力。

IDEO以其二十年來層次鮮明的心智空間探勘，以及多元跨界的實戰經驗，將設計從名詞進化為動詞，變身為組織策略的創新整合系統，從空間中的設計進化為與使用者共創時間流的設計。

而企業策略的本質就是一種設計思考，IDEO取法生物而非機器，擁抱限制卻互動開放，打造彈性十足又不斷演化的動態策略以因應複雜多元的市場經濟。不但在系統化管理及創意流程的活力間維持平衡及張力，也將顧客體驗和精細分析的商業機會連結在一起；讓產品及服務推向市場的同時，更參與了從全球到地方的世界改造工程及人類共同美好經驗的形塑。

從設計走向設計思考，從設計的組織到組織的設計，從外觀造型走向商業策略，從功能產品到體驗藍圖，從單一問題走向系統整合，從在空間中的設計到設計時間，從為顧客創造到與顧客一同創造，從創造產品進化到產品與人的關係，甚至人與人的關係……優游在IDEO執行長布朗的心智地圖中、閱讀並理解的過程裡，同時體驗一連串不斷動態演進的創意連結，所激發的無界限想像及心智共振，不正也啟發了我們走向「人人都是設計思考家」的第一步？

——**陳育平**（華陶窯執行長）

◆設計是深覺需求展演的進化論，在有形有象有中無，無聲無色無中有裡，觀想自然而然的存在法則，潛質的魅力遠過於表象的美麗，取捨在於思維的離相，如湧泉般的創異才臻由內而外的啟望，思考可以天馬行空，但我們主張承諾踏實！

——**陳俊良**（自由落體設計董事長）

◆這是一個以創意及腦力為主流的知識經濟時代。創意設計不僅是天馬行空的靈感，同時也有一套結構系統可供依循。布朗從設計的思維討論管理，提供的不僅是設計的技術，更是一種嶄新的眼光與態度。本書以活潑的案例與專案呈現如何從思考落實到執行，並且從設計師、團隊、企業內部到國際化，由小而大，逐一展演設計思維如何影響世界。設計思考改造世界，是面對未來想改變者與不想改變者都值得一讀的好書。

——**陳鴻儀**（中華知識經濟協會理事）

◆ 布朗寫出設計思考的終極權威著作。

布朗以他的機智、經驗，加上一則則精采故事，創造了一趟愉快的閱讀旅程。他的傑作以截然不同的方式，捕捉到一切設計所需的情緒、思路和方法，不論你設計的是產品、經驗或策略，都能從中得到啟發。

——**蘇頓**（Robert I. Sutton，《拒絕混蛋守則》作者）

◆ 布朗的洞見、學識、同感和謙遜，閃耀在本書中的每一頁。本書是寫給夢想家和實踐者、寫給企業經理人和NGO領袖，寫給教師、學生和對創新藝術有興趣的讀者。布朗結合了設計思考的方法學和說故事的才華，刺激你以不同的方式觀看世界，以更仔細的態度留神聆聽，並以更高的效率與人合作。

——**諾佛葛拉茲**（Jacqueline Novogratz，「聰明人基金」創立者暨《藍毛衣》作者）

◆布朗的IDEO設計公司得過的創新設計獎章，超過世界上的其他公司。如果你想在工作上或生活中更富創新精神，跟著冠軍教練學習準沒錯。

——**希思**（Chip Heath，《創意黏力學》作者之一）

◆設計思考是一種觀看世界的方式，一條突破全面性、跨領域和啟發性障礙的道路。現今，多數公司的結構和運作方式，都和設計思考背道而馳。在這些公司感覺需要向外尋求「創新」時，他們真正需要的，其實是改變內部的思考取向。

——**蘿絲**（Ivy Ross，Gap公司行銷執行副總裁）

推薦一

設計思考不只關乎風格

政治大學科技管理與智慧財產研究所教授
李仁芳

台灣的主流思考一路從「勤奮起家，愛拚才會贏」（台灣人的每年工作總時數在全球排入前五名）；進入到「知識經濟，以科技提升附加價值」（台灣每百萬人平均專利獲得數，在美國排名前三名）；現在「設計與美學風格」成為顯學，台灣的各界菁英恍然大悟「美麗的力量」（在德國iF、RedDot、日本G-Mark、美國IDEA世界四大設計競賽，台灣自二〇〇三年迄今，共獲得八百多個獎，聲勢驚人）。

我們台灣人認知的「設計」、「工業設計」、「商業設計」或「時尚設計」，大多與美學、風格等字眼聯想在一起，由一些穿著黑色襯衫或T恤，後腦杓綁著馬尾，開口閉口「極簡主義」、「材質與功能」的怪咖們所執行。

事實上，全球很多管理前瞻的公司早已超越上述的設計或設計執行實務。今日，世界最先進的組織（營利的企業組織與非營利組織均然），不再只是徵召設計師將已經發展成熟的想法包裝得更有吸引力，而是在產品／服務專案構思過程的一開始，就要求設計師提出具有創意的想法。設計的角色是戰術性的、是建立在既有基礎上，只是往前邁進一步而已。

而這些先進組織所稱的「設計思考」則是戰略性的，它已經把「設計」拉出工作室，現今在如蘋果公司這一類世界級公司的董事會議室裡，看到設計師的身影，已不是偶然事例。

作為一種思考過程，設計開始逆流而上，從企業流程的最終端上溯到權力運作的中樞。設計思考不只關乎美學風格，而是一種實務哲學，一種做事的理念與系統方法。

其中有幾項關鍵元素共同組合在一起：

首先**強調跨領域整合團隊編組，由各種不同類型異質性人才有機組合而成**。成員中還得有高比率的T型人，不能是單一深度專長的I型人。所謂T型人不只具備特定領域的深度技能（I），而上面一橫代表的跨界素養，讓他可以與不同領域的專家用兩種以上的語言，有效率地跨界對話，這是設計思考所必要的一種「高柔軟度」團隊。

維根斯坦是二十世紀腦袋最清楚的哲學家，但他的座右銘卻是：

「不要想。要去看。」

視覺圖像可以讓我們用不同的方式看待問題，避免過度依賴文字或數字。

需求往往是創新之母，正如ＩＤＥＯ創辦人凱利常掛在嘴邊的：**「創新始於眼睛」，好的設計思考家始終喜愛觀察。**他們喜愛在田野中fooling around，抱持著人類學家獵奇（cool hunting）的眼光，一般人眼中超平常（super normal）的社會風情（social manners）細節，他們都當成exotic，不斷問自己為什麼。

設計思考家的「看」當然是把產品／服務的使用者放在對焦處，要將後者的需要化為需求。這個「看」，至少包含「洞見」、「觀察」與「同理心」。「洞見」，是從他人的生活學習。設計是創造產品，進化到設計思考，那就是進化到分析人和產品的關係，並進而推展到分析人和人之間的關係。「觀察」，則是看人們不做的，聽人們不說的。有時為了找到洞見，設計思考家還朝邊緣前進，朝向以不同的方式生活、思考和消費的「極端」使用者前進觀察——比方說，擁有一千四百尊芭比娃娃的收藏家，甚或好車成癖的專業偷車賊。「同理心」則強調設身處地、感同身受，人類學家式的實地調查研究與第一手的沉浸體驗感受。

設計思考家完全服膺微生物學者巴斯德的名言：「機會只保留給那些做好準備的人。」

設計思考家工具箱裡的第三套工作工具是：**擴散性思考和聚斂性思考交錯前進的腦力激盪與實驗態度**。在擴散性節拍與聚斂性節拍之間來來回回，每一次創意構想的迭宕都比上一次縮小一點、細密一些。設計思考家總是先找到一大堆點子，再去篩想好點子。

設計思考主張，最好的構想會在整個組織生態具有實驗空間與實驗精神的時候出現。強調多次實驗（「犯錯是人，寬恕是神」），不認為構想該「因人而貴」，資深領導人運用「草根模式」的栽培技巧，應該用於照料構想、修剪構想、收穫構想。

設計思考第四項得力工具是**用手思考原型製作**。能常常提出好創意的人才總是強調「用手思考」，先把創意的原型製作出來，各功能領域的人再依此討論修正下一版本的原型，逐漸達到完善。我們甚至可以依據一個人、一個團隊或一個組織，做出第一個原型平均花多少時間來衡量其創新能力。構想要快速、便宜又「骯髒」地及早製作具體原型型體，因此招徠各方批判也沒關係。創新就是要多次嘗試、多次修改。或者早贏、小贏、常贏，或者早輸、小輸、常輸。早失敗、常失敗、及早失敗，汲取經驗，修正做法後，就會及早成功。

設計思考家最後一項關鍵能力就是**打造劇本說動聽的故事，創造無與倫比，感動人心的體驗式設計**。

綜合上述，設計思考遠遠超乎我們以往所認知的美學與風格課題。它其實更代表一種對實驗的開放精神、對說故事的熱愛、對異質性成員編組合作的需求，以及用手思考，強調原型實作的直覺——它是用簡潔純熟的技巧去建造、製作和溝通複雜構想的整套有體系的做事方法。

真正的設計思考家，不只是「做」設計，他們更是「活在」設計裡。

e-mail：jflee@nccu.edu.tw
「創新異類」部落格：http://www.wretch.cc/blog/jflee

推薦二

「交鋒」下的「設計思考」

台灣藝術大學創意產業研究所教授
林榮泰

二〇一一年在台北市舉辦的世界設計大會，以「Design at the Edges」作為大會主題，中文則以「交鋒」來表達設計與各領域的互動。台灣如何透過這次難得的世界設計大會，**思考設計與各領域的「交鋒」**，並針對可能的議題提出創新的思維，讓台灣在這一次與國際設計「交鋒」中，嶄露頭角；值得我們深入思考。設計在面對「Design at the Edges」的挑戰時，必須認清這是傳統與現代的「交鋒」，也是科技與人文的「交鋒」。因此，當設計面對跨界、跨領域或異業結盟的「交鋒」時，如何透過設計思考來激發創新與改造組織，就益形重要。值此關鍵時刻，全球知名創意設計公司IDEO執行長布朗，透過其鉅著《設計思考改造世界》，所呈現的正是「交鋒」下的設計思考，這也是本人樂於推薦本書的原因。

布朗在本書中從科技、人文、組織等方面，論述創新的設計思考，其中以人為中心的設計思考，是本書論述的重點之一。科技始終來自於人性，說明了科技與人性在設計思考中的重要性。科技越發達，越需要強調產品的人性化，人的價值也越需要肯定。人性設計的概念已經普遍應用在生活產品設計中，如何應用創新的「設計思考」，經由「掌握科技，賦予人性」，結合科技與人性；正是本書的主要內容，全書理念大致整理如下：

科技是設計思考之本，講求「感性科技」；人性是設計思考之始，注重「人性設計」；文化是設計思考之源，追求「文化創意」。因此，現代的設計師必須融合「感性科技」與「人性設計」的設計思考，營造一個具有「文化創意」的人性化的組織與生活環境。

誠如布朗在書中所論述的，設計思考基本上就是一種發想（inspiration）、構思（ideation）與執行（implementation）等三大探索的過程。雖然「科技」是「設計之本」，但是「人性」是「設計之始」；「科技」必須源自於「人性」，才能營造和諧的人造世界。因此，設計思考的發想本質是「生活化」，其構思過程是

「專業化」，其執行成果則是「普遍化」。而設計思考的成功，必須經由**可行性**（feasibility）、**存續性**（viability）與**需求性**（desirability）三大準則的考驗，一個成功的設計思考家，必須讓這三大準則達到和諧平衡的狀態，這也是本書闡述的重點。除此之外，**洞見**（insight）、**觀察**（observation）與**同理心**（empathy）是設計思考成功的三要素，在設計思考的過程中，扮演極為重要的角色。換言之，未來的設計師將扮演「科技的詮釋者（洞見）、人性的引領者（觀察）、感性的創造者與品味的營造者（同理心）」，經由「人性設計」，營造一個人性化的組織與環境。因此，上述的三大探索的過程、三大準則的考驗以及三大成功的要素，是未來設計師必須面對的設計思考。上述重點布朗在書中均有深入淺出的論述，值得讀者細細品味。

就設計的本質而言，設計是一種綜合的造形活動，產品則是一種日常生活器具，設計透過產品反應當時的生活型態、美學價值、流行風尚、經濟發展與文化層面等。就設計思考而言，其所牽涉的問題既多且廣，包含了藝術、科學、哲學、社會、文化、環境等因素；就商品化而言，還要考慮製造、生產、市場、銷售等問題。面對這些影響的因素，有些因素可能相互衝突，有些因素甚至牽涉到組織的問題，其關係可以說是錯綜複雜，如何「設計思考」這些問題以「改造世界」，正是本書的另一個主要論點。設計創意源自於文化差異，設計的目的在於改進人類的生活品質，提升社會的文化層次；未來的設計是藝術、文化與科學的整合，其設計思考必須回歸到人文美學的觀點，科技只是技術輔助的工具，不能用來主導設計。因此，設計師必須掌握社會文化的脈動，作為設計參考並將其反應在設計思考上，才能形塑優質的生活文化。

如何透過「設計思考」來「改造世界」？布朗強調設計思考是一種有系統的創新，從設計是有目的、有條件、合理化與創造性的綜合造形活動，講求「人與物」互動的「社會性」；到結合「物理機能」與「心理機能」的「合理造形」，注重「人機系統」，考慮「人因工程」；最後，把設計納入「經濟活動」，營造「生活型態」，形成「生活文化」，達到「人性化」的生活環境。最終目的是利用「設計思考」來經營創新組合，透過組織改造來「改造世界」。

就文化創意產業的設計思考而言，「文化」是一種生活型態，「設計」是一種生活品味，「創意」是經由感動的一種認同，「產業」則是實現文化設計創意的媒介、手段或方法。因此，就文化的層面來看，設計透過文化創意再經由產業實現一種設計品味，形成一種生活型態。文化是花錢的產業，產業也可以成為賺錢的文化。文化創意表現在設計產業的關鍵，就是經由設計思考來達成創新的文化創意，也是本書透過「設計思考」所要表達的「形於產品，用於生活」的設計哲理。

布朗在本書中論述，過去產品的設計思考，著眼點一切為「功能」，未來創意產品的設計思考，其主體則是「人」。創意產品講求「藝術」的美學特色，工業產品講求「標準」的科技規格，差異在「藝術」的美學特色是對「人」的要求；「標準」的科技規格則是對「物」的品質管制。創意產品是「人性」的表現，工業產品是「物性」的追求；創意產品是「感性」的訴求，工業產品是「理性」的需求；創意產品注重的是「故事性」，工業產品追求的是「合理性」。我們需要一些故事來點綴我們的生活，好的設計創意通常都有一個動人的故事，這也是設計思考動人的地方。

最後，布朗談到從全球到在地的設計思考，談到如何設計未來？全球化已經是企業追求成長與生存之道，但是企業在追求全球化的過程，如何保留地區文化特性以營造地方特色，形成創意的差異化就益形重要。從產品設計與品牌經營的角度來看，在經濟全球化思維的影響下，各國的產品設計呈現一致的國際化風格，缺乏各自地方特色，無法顯示地區性的文化特質。因此，企業面臨「經濟全球化」的衝擊，如何結合文化特色發揮設計創意，以「設計在地化」營造產品特色，將是未來台灣發展地區特色的文化產品，提升設計競爭力的首要課題。就設計層面而言，我們需要思考的問題是：如何在「全球市場，在地設計」的「交鋒」下，設計思考能夠發揮「Design at the Edges」的功能？

本文係筆者利用飛往希臘，參加二〇一〇年國際電子商務研討會的途中，在飛機上仔細閱讀《設計思考改造世界》的初稿，深感獲益良多，益覺該為文介紹本書給大家，茲分享本書閱讀心得如下：

筆者在國際電子商務研討會上，發表的論文題目是「從數位典藏到電子商務」，正是前述「傳統與現代」及「科技與人文」的交鋒，也是「設計創意」與「藝術創作」的交鋒。「設計創意」是利用科技提供產品的「功能」讓我們過舒服的日子，強調的是「普遍性」；「藝術創作」則透過人性提供創作的「感質」讓我們過快樂的生活，強調的是「獨特性」。就設計思考而言，既要藝術創作內涵的「獨特性」，又要設計創意外在的「普遍性」，細讀本書，不難發現上述的「設計思考」布朗在本書中多所論述，也是本書的重點。

另外，台灣設計教育雖然蓬勃發展，但是設計科系學生追求的卻是速成的創意，沒有深度的設計思考，在乎的是有沒有得國際大獎；創意在於設計思考的深度，得獎故然很好，沒得獎可能更前衛或更有創意。歷史上藝術大師的經典之作，許多是當年非主流的「落選沙龍」展的作品。因此，聯經出版公司，在文化創意產業推展如火如荼的當下，適時推出全球知名創意設計公司ＩＤＥＯ執行長布朗的鉅著，更具時代意義，有助於提升「設計思考」的內涵。

假如您同意上述的觀點，那您就不能錯過《設計思考改造世界》。本書所呈現的正是交鋒下的設計思考，本人樂於推薦本書給所有希望「設計思考改造世界」的讀者。

推薦三

設計思考的運用

中原大學設計學院講座教授
張光民

IDEO是世界知名的設計公司，是很多國際知名企業的合作夥伴，本書的出版無疑是透過IDEO的成功案例，來一窺這些知名企業如何運用創意設計的方法來創造企業效益，這些創意的方法，包含從增設實體的設施到企業文化，都可以用創意的做法把設計的思考帶入企業經營中，讓企業的員工不再是朝九晚五的上班族，而是企業永續發展的泉源，而設計思考的執行方法，也讓每位企業家都能更靈活地運用設計的思考來經營自己的公司。

因此，設計的價值並不僅止於設計一個產品，本書的作者布朗提到一個稱職的設計師可以把之前的產品改造得近乎完美，但案子會局限於產品製造完成後，就此打住；然而設計師如果是設計思考者，並組成跨領域的團隊，則是有能力解決更複雜的問題，甚至大至整個產業策略，都是設計思考的應用範圍，因為這些看似零散且各自獨立的專案，起初其實都各自有核心問題，如何找出這些不為人知的問題，並篩選不同解決路徑、找到最好的解決方式就是設計思考的專業。因此，IDEO的價值核心在於設計思考，運用設計思考組成的跨領域創意團隊，以人為本質的設計策略思考，創造了設計的價值，才能與世界知名的企管顧問公司麥肯錫並列知名的顧問公司。

而如何做到以人為本的感動設計則需要用心執行，IDEO發展出一套可以產生感動設計的流程，首先，從他人的生命中學習生活方式，可以發現許多不為人知的「洞見」。接著，進行看人們不做和聽人們不說的「觀察」，面對同一個問題的另一種思考方式可以讓你發現不同的特殊需求。最後，才是設計執行。創意發想流程從頭一直貫穿到整個設計專案結束，從洞見到觀察，從觀察到執行。幸運的是，這本書提供很多創意發想的實際做法，並鼓勵企業將樂觀文化帶進組織，正向思考有助於創意發想，畢竟少了樂觀主義這種堅信事情無論如何都會變好的信念，實驗的意願就會不斷受挫，領導者必須避免構想在來不及甦醒之前就已經被扼殺，我們不能否認有許多驚人的構想是來自於天馬行空的發言。

目前國際設計的潮流已經從設計執行演化到設計思考的階段，這表示企業已經開始意識到設計的重要性已經大到不能再讓設計師自行處理，並從原本的外觀設計擴大到宏觀的服務設計，範圍從製造業廣布到通路端或行銷。企業需要設計師，但更需要設計思考家，由數個設計思考家組成的跨領域團隊有能力解決更為複雜的問題，目前跨領域合作已經是不可忽視的趨勢。台灣目前雖然已經初步嘗到設計的甜美果實，但是隱藏在名為設計執行這顆樹後的是一片廣大的山林，唯有企業領袖的自覺與獨到眼光，才能放眼看到未來的全景。

推薦四

IDEO成功關鍵

華冑設計創辦人
梁又照

發源於美國矽谷的國際IDEO設計顧問公司，自創辦以來，一直保持著全球得獎最多、得獎率最高的設計公司，被美國財經雜誌評選為全球十大最創新企業之一，其所推動的使用者情境體驗導向創新設計與跨專業合作創新模式，已備受國際產學研界從事產品與服務創新工作者的肯定與推崇。

IDEO公司於一九九〇年由美國舊金山灣幾家頂尖的工業設計、產品工程與市場研究顧問公司組成。在IDEO成立之前，由於矽谷數位科技產業的崛起，且大多數數位產品的設計，幾無前例可循，使得這幾家公司有機會不斷體驗與演練產品的創新。再加上他們都是各領域的翹楚，以至於矽谷創業成功企業的產品，大多是與他們合作的成果。由於工作上的結緣，並體會到工業設計、產品工程與市場研究，都是產品創新設計中缺一不可的功能，於是引起他們結盟成為功能更完整、更具國際規模的產品創新設計顧問公司。

本書不但是布朗本人終生從事工業設計、產品創新經驗與體驗的結晶，更是ＩＤＥＯ團隊在矽谷從事設計顧問服務，與輔導產業轉型為創新企業所頓悟的法則。如同布朗曾提到的觀念，「設計服務當然需要創新思維，然而在數位科技與知識經濟時代，產品的創新並非工業設計或產品工程人員單獨所能完成，就算像ＩＤＥＯ這樣的國際頂尖顧問公司，如無企業內產品設計開發相關完整專業團隊的參與，或參與者不具創新思考能力，絕難達到面面俱到及以知識價值創新的目的。」ＩＤＥＯ團隊在此生態環境的演進下，除對企業提供設計服務外，同時輔導企業內部團隊應用設計思考進行跨專業合作創新，於是今日延伸為ＩＤＥＯ對外的訓練顧問服務（IDEO-U）。

由於ＩＤＥＯ創辦人 David Kelly 是史丹福大學前產品設計研究所所長、現任教授，有鑑於在產業參與產品與服務的開發人員，需具備創新設計思維的重要性，更將 IDEO-U 的功能帶回史丹佛大學，成立碩士級的 D-School 學程，目前已為美歐各著名大學所效法。二〇〇六年美國《商業週刊》更以：「今日產業所重視的商學教育，未來將會被重視設計思維的創新設計教育所取代。」

本書可說是IDEO公司，承載工業經濟時代新產品設計開發在學術與實務經驗的基礎，加上近三十年來IDEO在矽谷所累積的經驗與挑戰，體驗到產品與服務的創新不再像以往農業經濟、工業經濟時代，由工匠、工程師、工業設計師等少數專業人員以隱性思考所能達成。如何將設計思考與創新方法從隱性轉為顯性，植入企業不同領域的產品創新團隊成員，使參與創新設計者都能成為T型創新設計人員（具本身專業並具設計思維與橫向溝通能力者），將是二十一世紀企業走向永續創新的條件，而這觀念更是布朗出版本書的宗旨。

宏碁電腦於八〇年代末，曾引進IDEO的設計方法，構成宏碁及其延伸的相關企業，對產品設計與新產品開發的重視。九〇年代初，韓國三星體系也曾雇用IDEO的服務，刺激了三星企業對創新設計的全面提升。啟發當時該公司董事長李健熙，以韓國國徽結合中華民族《易經》八卦太極圖的陰陽平衡作為隱喻，以黑色代表代工程硬體技術，白色代表市場導向的創新設計。當年三星只重硬體忽視設計創新，導致企業的失衡發展，淪為代工製造的三流（C class）企業。因此將一九九六年命名為三星公司的設計革命年，這十多年來三星轉型換骨的成效，頗值得我國產業借鏡與警惕，這也是本書觀念應用的範例。

IDEO公司創立二〇年來，成功之關鍵在於對創新設計的執著與不斷演進，本書難得的是，IDEO能將它成功關鍵的祕笈公諸於世，值得我國產官學研從事產業轉型工作的參考。

新版前言

在喜劇泰斗卓別林（Charlie Chaplin）的經典作品《摩登時代》（*Modern Times*）中有一著名場景：小人物男主角拾起一面從貨車上掉落的警示旗，當他搖晃旗幟向貨車司機吶喊示意時，從街角湧出一群喧鬧的民眾，跟在男主角身後示威行進，而男主角發現自己在無意間成了一場革命運動的先鋒。當我們回顧十年前《設計思考改造世界》一書首次出版後引發的迴響，有著和這幕戲相近的感觸。我們並沒有發明設計思考：這份榮耀是屬於學術手工業（academic cottage industry）研究的主題，不過平心而論，我們是在對的時間處在對的地方。當回首過往，發現有場革命運動緊隨而至。

簡言之，《設計思考改造世界》提出兩點。第一，為回應企業和社會面臨的挑戰，設計思考延伸其設計畫布：證明以人為中心（human-centered）、有創意的問題解決方法如何帶來全新的、更有效的解決方案。第二，設計思考不只是屬於專業設計師的硬技能（hard skills），而是所有希望能精通其思維與方法的人都能取得的。我們（設計師和設計思考家）的共同利益在於，為全人類共同面臨的挑戰找出更好的解決之道。在首次分享這些想法後過了十年，我更確信它們與現在的世界休戚與共。

其中一段持續的探索是在IDEO的歷練，因我們面對的挑戰是解決比以往更廣泛、更深入的問題。自從《設計思考改造世界》首次出版後，我們被諮詢將設計思考應用於拉丁美洲的教育改革；於美國、中東和亞洲的政府部門；應用於位在非洲、印度和東南亞提供服務的一系列新社會組織；於全球採用最新數位、機器人和生物技術的新創事業裡。

更值得一提的是，我們稱為設計思考的一系列方法廣為全球的企業、社會組織和學術機構所接受。成千上萬的學生從商學院和工學院的課堂中，或是線上課程和免費提供的工具包裡，習得設計思考的基本概念。這些「設計思考畢業生」正在發想（inspiration）、構思（ideation）和執行（implementation）等創新三空間中施展所長，每個人都在發揮或大或小的影響力。

影響的成果也一一浮現。一些世上最有影響力的科技公司——蘋果（Apple）、Google母公司Alphabet、科技顧問公司IBM、商用系統開發商SAP，已將設計納入其營運核心。SAP運用設計思考，在破紀錄的時間裡推出數十億美元的產品，並資助全球性的設計思考課程。IBM將設計思考整合進自家產品與服務，並提升既有實務作業以聚焦其企業客戶，並為此增聘數百名設計師。而在矽谷（Silicon Valley）和全世界具顛覆性的新創團隊中，設計師則為創始成員中的一份子。健康照護系統、金融服務企業和管理顧問公司現在會固定聘請設計師。此外，從幼稚園到高中等不同階段的課程裡，老師也會將設計思考納入其中。甚至如吾友，多倫多大學羅特曼管理學院的院長馬丁（Roger Martin）所示，連軍方也接受設計師的方法。設計思考已臻瓜熟蒂落。

然而我們不應得意忘形，因為我們還在起步，也一定會被質問如何讓設計思考真正發揮顯著的影響力。

第一個必須自問的是精通程度。當你依照《設計思考改造世界》的內容操作時，會發現設計思考包含許多方法和技巧，這些技巧由一個新手或是久經歷練的行家來執行會有差別。同理，新手團隊就算內含一、兩個行家，其表現很少能比已從過去專案中培養出互信和理解默契的團隊還優秀。雖然科技能大幅加速學習和擴大影響力，但要達精通程度別無他法。這需要培養出我同事心理學家蘇瑞（Jane Fulton Suri）和IDEO全球設計總監亨德里斯（Michael Hendrix）所命名的「設計敏感度（design sensibilities）」。如他們在《羅特曼管理雜誌》（*Rotman Management magazine*）中撰文提及：「設計敏感度包含利用直觀素質的能力，像是愉悅、美感、個人意義和文化共鳴。」直觀的設計應用帶來更具關聯性的體驗，能與他人建立情感連結，並獲得較高的顧客忠誠度。在培訓後的設計思考「行家」達到關鍵多數前，將設計思考應用於解決世上最具挑戰性的問題勢必得不到預期成果。因此，我鼓勵大家不要止步於了解和應用設計思考的概念，而是自己開闢出能精通設計思考的途徑。若以我個人經驗為例，這個承諾會帶來一輩子的創意滿足感（creative satisfaction）。

第二個問題則涉及倫理道德。隨著社群媒體、人工智慧和網際網路的商業模式露出其黑暗面，科技反噬我們的力道也逐漸增強。一方面，以人為中心的設計能作為解藥，矯正科技無情的操控和其取代或貶低人類貢獻的固有偏差。另一方面，有諸多證據顯示，有人正運用設計誘導我們對社群媒體、人工智慧服務、手機遊戲和其他觸手可及的科技誘惑成癮。設計思考並不是經濟學中那雙「看不見的手」。它以目的為導向。如同諾貝爾經濟學獎得主賽門（Herbert Simon）在一九六九年的著作《人工科學》（*The Sciences of the Artificial*）中陳述：「設計者擬出行動方案之目的為改善現況。」若我們將社群媒體應用程式設計得既吸引人又容易成癮，代表我們希望達到這種結果。而如果這與當初的預期不符，那我們就是非常糟糕的設計者。設計思考家有責任推斷其設計的結果，並對所做的判斷有所自覺。我們正處在科技演化的關鍵時刻，知道它有取代人類智慧的潛力。也就是在這時，該由設計的「可見之手」登場，有目的地判斷我們如何讓科技服務人性。

最後一個問題則是應用：哪些問題值得我們費心？設計出以人為中心的人工智慧絕對是待解問題之一，但大致上我認為，我們花太多心力處理瑣碎的事，而非真正具突破性的構想——這裡對於突破性的定義並不限於矽谷思維中的新產品或新科技。多數社會體系不再適用於二十一世紀的現況日益明顯。它們是為滿足「第一次機器時代」（first machine age，也就是第一次工業革命）所設計，而自十九和二十世紀早期以來，從未與時俱進。

若能成功將設計思考的技巧用於解決真正「棘手的問題」上，會有什麼影響？若能為自身、為下一代、為子子孫孫設計出合適的組織、教育、公民參與機制、產業體系、市場、健康照護、交通運輸、稅賦、信仰、工作、實體和數位社群呢？我認為，上述這些才是值得設計思考家挑戰的問題。

相較二〇〇九年時，今日有關設計思考的論證已更明確。過去幾年中我們收穫很多，也更能掌握設計的心態、技巧和敏感度。有些過去用於舉例的公司採取了非預期的措施。其中一些創造出顯著的影響力、有些的成功較不明顯，而少數則不幸地失敗，在創新和商業的複雜運作下，免不了產生這種結果。我選擇保留這些案例，讓讀者自行從它們的後續發展中獲得啟示。不過貝瑞·凱茲（Barry Katz）和我決定增加一個章節，透過我們過去十年在ＩＤＥＯ的經歷，檢視這些進展中已達成或尚待努力的領域為何。同本書前版，我非常感謝ＩＤＥＯ的同事，因著他們的創意才華和獻身協作，才有這些深具啟發性的案例分享。我希望《設計思考改造世界》一書能幫助讀者精進設計思考，從中找到發揮自身創造力的靈感，解決各種難易度的挑戰，用自己認同的方法，改善周遭人事物的生活。

提姆·布朗
舊金山
二〇一九年

前言

設計思考的力量

終結舊想法

凡是造訪過英國的人，幾乎都對大西鐵路有過親身體驗，那是維多利亞時代的偉大工程師，布魯內爾（Isambard Kingdom Brunel）的無上成就。我是在可以聽到大西鐵路隆隆聲響的地方長大，身為牛津郡的鄉下孩子，我經常沿著鐵道騎乘腳踏車，等待那列偉大快車以超過一百英里的時速呼嘯而過。那線火車如今搭起來舒適多了（車廂配備了避震沙發座椅），沿線風景當然也有了改變，然而經過一個半世紀的考驗，大西鐵路依然是工業革命的代表圖像，是設計有能力塑造周遭世界的典型範例。

布魯內爾雖然是工程師中的工程師，但他感興趣的，可不只是發明物背後的科技而已。在他設計這條鐵道時，他堅持讓坡度維持在最平坦的狀態，因為他想讓乘客擁有「漂流過鄉野」的感受。他興建橋梁、高架橋，開鑿山壁、隧道，不只是為了提高運輸效率，更是要創造最棒的搭乘經驗。他甚至想像了一種綜合性的運輸系統，可以讓旅客從倫敦的帕丁頓車站搭上火車，然後在紐約下船登岸。在布魯內爾的每一項偉大計畫中，他都展現了非凡卓越的先見之明，以及非凡卓越的才華，將科技、商業和人性關懷拿捏得恰到好處。布魯內爾不只是一位偉大工程師或天才設計者，他更是設計思考家（design thinker）最早的代表人物之一。

大西鐵路在一八四一年完工之後，工業化經歷了難以置信的改變。科技協助千百萬人脫離貧窮，並讓大部分的人類生活水準得到提升。這場革命改變了我們的生活、工作和娛樂方式，然而，隨著時序邁入二十一世紀，我們日益察覺到它的陰暗面：覆蓋在曼徹斯特和伯明罕天空的煙塵烏雲，改變了地球的氣候；廉價品狂潮開始從工廠作坊奔流而出，餵養一個過度消費和驚人浪費的文化；農業工業化留給我們一個脆弱的自然，讓我們在天災人禍前顯得不堪一擊。而當中國深圳和印度邦加羅爾（Bangalore）也銜接上矽谷和底特律的管理理論，並面對同樣的商品化惡性循環時，突破歷史的創新已淪為今日的例行程序。

科技還沒跑完它的行程：由網際網路點燃的通訊革命，把人們拉得更近，讓彼此有機會以前所未有的速度和廣度分享看法，並創造新構想；生物、化學和物理結合成生物科技和奈米技術等形式，打造出救命醫藥的承諾和各種不可思議的新材質。但是這些神奇驚人的成就，不像是要幫助我們扭轉險惡的前途，而是恰恰相反。

我們需要通往創新的路徑

純粹以科技為中心的創新觀點，已不像過去那樣禁得起考驗，而單從現存策略中進行挑選的管理哲學，很可能應付不了國內外的最新發展。我們需要新的選擇——可以平衡個人和社會整體需求的新產品；可以應付全球健康、貧窮和教育挑戰的新構想；可以產生重大差異和一種使命感，讓每位參與者深受感動的新策略。很難想像會有這樣的時刻，我們所面對的挑戰，巨大到超出我們所投注的創意資源。胸懷壯志的創新者或許可以參加「腦力激盪」課程或學習一些花招密技，但這些暫時性的替代做法，很少真的把創意轉化為外在世界的新產品、新服務或新策略。

我們需要的，是通往創新的路徑，強大、有效、容易進入，可以整合到各行各業和所有社會，不論個人或團隊，都可以利用它激發出突破以往的想法，將想法付諸實踐，繼而產生影響力。設計思考所提供的，正是這樣的一種路徑，這也是本書的主旨所在。

設計思考源自於設計師們花費數十年時間孜孜學習的技能，他們在種種現實商業條件的束縛下，努力用可以取得的科技資源來滿足人類的需求。設計師從人的觀點出發，把人們渴望的東西與技術上可行、經濟上實惠的條件整合起來，藉此創造出我們今日所享用的產品。設計思考則更進一步，把這些工具交到那些從沒以設計師自居的人們手上，讓這些工具應用到更廣泛的問題領域。

設計思考挖掘我們全都具有的能力，但這些能力往往在傳統的問題解決過程中受到忽視。設計思考不只是以人為中心，還深入到人的內在和本質。設計思考倚賴我們的直覺能力，倚賴我們對模式的認知能力，倚賴我們建構想法、兼顧功能與情感的能力，倚賴我們利用文字或符號以外的媒體表達自我的能力。沒有人想要經營一家建立在情緒、直覺和靈感之上的公司，但過度倚賴理性和分析，也可能同樣危險。設計核心過程中的整合性做法，為我們提供了「第三條路」。

我接受工業設計師的養成訓練，但花了很長的時間，才理解「做一名設計師」和「像設計師一樣思考」之間的差別。經過七年大學和研究所教育，以及十五年的專業生涯，我才稍微領悟到，自己所從事的工作不只是一個小環節，不只是把客戶的工程部門和市場消費者連結起來那麼簡單而已。

我以專業設計師身分所設計的第一件產品，是獻給一家令人尊敬的英國機器製造商：沃德金・柏斯葛林（Wadkin Bursgreen）。他們邀請一位未經磨練的年輕設計師加入團隊，協助他們改良專業的木工機器。我花了一個夏天的時間創作看起來更美觀的圓鋸草圖和模型，以及更容易操作的鉋木機。我認為自己做得很出色，因為事隔三十年，依然可以在工廠看到我的作品。但再也找不到沃德金・柏斯葛林公司，它早就倒閉了。身為設計師，我沒看出前途堪慮的竟是木工這門行業，而不是它的機器設計。

我逐漸了解到，設計的力量並不是作為鏈條的一環，而是作為輪子的軸心。當我離開備受保護的設計學校（在那裡，每個人看相同的東西、做相同的事、說相同的語言）進入職場之後，我花在跟客戶解釋設計是什麼的時間，遠多於實際做設計的時間。我知道自己正從一整套操作原則，走向一個和這些原則大異其趣的世界。隨之而來的迷惑也不斷妨礙我的創造力和生產力。

我也注意到，真正啟發我的人，未必是設計這行的成員：工程師如布魯內爾、愛迪生和保時捷（Ferdinand Porsche），他們似乎都具有以人為中心而不是以科技為中心的世界觀；行為科學家如諾曼（Don Norman），他曾問，為什麼產品非要讓人一頭霧水，弄不清用途；藝術家如高茲沃斯（Andy Goldsworthy）和葛姆雷（Antony Gormley），他們加入觀看者的經驗，讓觀眾成為藝術作品的一部分；商業領導人如賈伯斯（Steve Jobs）和盛田昭夫，創造出獨一無二、意義深遠的產品。我理解到，在「天才」、「願景」這類激昂的修詞背後，是對於設計思考原則的信奉與堅持。

設計開始逆流而上

幾年前，正好碰到一次週期性的繁榮蕭條，這種事在矽谷就是尋常生意的一部分，我和同事絞盡腦汁想要找出最好的方法，好讓我們的公司IDEO繼續在世界上發揮功能，扮演有意義的角色。很多人對我們的設計服務感興趣，但我們也注意到，有越來越多人請我們去處理一些在一般人眼中和設計八竿子打不著的問題。一家健康照護基金會請我們協助它重建組織；一家百年製造公司邀請我們幫助它更加了解客戶；一所菁英大學聘請我們去思考另類學習環境。我們被拉出自己的舒適圈，但這是一件令人興奮的事，因為它開啟了新的可能性，讓我們有機會對世界發揮更大的影響力。

我們開始談論這個擴充出來的領域，把它稱為「小d開頭的設計」，希望它能超越印刷在生活風格雜誌，或擺設在現代美術館台座上的雕刻品層次，但是這個定位一直沒讓我們完全滿意。有一天，我正和朋友凱利（David Kelley）閒聊，他是史丹福教授，也是IDEO的創立者，他提到，每次有人來問他設計的問題，他發現自己在解釋設計師的工作時，總會插入「思考」這個字眼。「設計思考」一詞就此定案。我用這個詞彙來形容一整套原則，各行各業的人們都可以應用這套原則來解決形形色色的廣大問題。我已經成了設計思考的信徒和它的福音傳播者。

但我可不孤獨。今日，最先進的公司不再徵召設計師將已經發展成熟的想法包裝得更有吸引力，而是在構思過程的一開始，就要求設計師提出具有創意的想法。前者的角色是戰術性的，是建立在既有的基礎之上，只是往前邁進一步；後者則是策略性的，它把「設計」拉出工作室，將它顛覆現狀和改變戰局的潛力完全釋放出來。如今，在某些最具發展性的世界級公司的會議室裡看到設計師的身影，可不是什麼偶然巧合。作為一種思考過程，設計開始逆流而上。

此外，事實證明，設計思考可以應用在廣大的組織領域，而不只局限於尋找新產品供應的公司。一位稱職的設計師，永遠可以把之前的新產品改造得更加完美，但由技藝專精的設計思考家所組成的跨領域團隊，則是有能力處理更複雜的問題。

從小兒肥胖、犯罪預防到氣候變遷，設計思考如今的應用範圍，和精美圖冊中那些令人垂涎的物品，幾乎沒有任何相似之處。

企業對設計越來越感興趣的原因相當清楚。當開發中國家的經濟活動主力，毫不留情地從工業製造轉變成知識創意和服務遞送，創新就成了企業生存的活命策略。而且，創新不再局限於引進新的實體產品，還包括引介新的流程、服務、互動、娛樂模式，以及溝通合作的方法。而這些正是所謂以人為中心的工作，也是設計師每天在做的事。從設計執行到設計思考的自然演化，反映出今天的企業領袖已日漸意識到，設計的重要性已經大到無法任由設計師自行處理的程度。

本書分成兩篇。第一篇回溯了設計思考的幾個重要階段。我不打算把這本書寫成「how-to」指南，因為這些技術最終還是要在實際的工作中累積養成。我希望能提供一個架構，幫助讀者辨識哪些原則和做法，可以產生偉大的設計思考。如同我在第六章指出：設計思考是在善於說故事的富饒文化中繁榮茁壯，我也將秉持這個精神，利用IDEO和其他公司組織的故事，來闡述這些想法。

第一篇關注的焦點是，設計思考如何應用在企業經營之上。順著這個脈絡，我們會看到全世界最具創新精神的幾家公司，如何將設計思考付諸實行；設計思考又是如何激發出突破以往的解決方案，以及設計思考偶爾會在哪些地方弄巧成拙（凡是宣稱自己的成功紀錄從未被打破的企業書籍，都該歸到「虛構小說」）。第二篇則是向所有人提出「大思考」（Think Big）的挑戰。藉由仔細觀察企業、市場和社會這三大領域，我希望能向讀者證明，設計思考能以哪些新方式延伸擴展，創造出足以應付當今挑戰的新想法，解決我們共同面對的課題。如果你是旅館經營者，設計思考可以幫助你反思殷勤好客的本質；如果你是慈善機構工作者，設計思考可以幫助抓住你想服務的人的需求；如果你是充滿冒險精神的企業家，設計思考可以幫助你放眼未來。

觀看這本書的另一種方式

我的傑出編輯，哈潑（Harper）企劃叢書的洛恩（Ben Loehnen）告誡我，一本合乎體例的書需要合乎體例的目錄，我盡了最大努力遵從這項原則。不過老實說，我對這件事情的看法有點不同。由於設計思考講的，全是關於開拓不同的可能性，因此我想從介紹讀者另一種把目錄視覺化的做法開始。我們經常被要求要線性思考，但是在IDEO，我們發現，利用一種具有悠久歷史的技術將想法視覺化，往往會更有幫助，那就是所謂的「心智圖」（mind map）。

線性思考是關於順序，心智圖則是關於連結。這種視覺再現，幫助我理解我想討論的不同主題之間具有怎樣的關係，它給了我一種更直覺的整體感，以及幫助我思考，什麼樣的方式最能將想法闡述清楚。我們歡迎和洛恩一樣的線性思考者使用這本書的目錄；不過喜歡冒險的讀者，可能會想要查閱這本書的扉頁，將《設計思考改造世界》的所有內容一次盡收眼底。它可能會慫恿你直接跳到某個感興趣的章節，可能會幫助你回想你的步驟，或是提醒你設計思考的不同主題有著何種關聯，甚至讓你想到書中沒提但應該要提的重點。

經驗老到的設計思考家可能會發現，只要有這張心智圖就能抓到我的看法。我希望接下來的十個章節，可以讓其他每位讀者不虛此「讀」，清楚洞悉設計思考的世界，以及它能為我們創造重大改變的潛力。如果事實真是如此，希望你們能讓我知道。

提姆．布朗

加州帕羅奧多

二〇〇九年五月

Part 1

設計思考是什麼？

Chapter 1

打動人心，或設計不只關乎風格

Shimano公司是日本屬一屬二的自行車零件製造商，二〇〇四年時，該公司的傳統高檔賽車和登山自行車部門，在美國首次出現成長趨緩現象。該公司一直以來，都是靠著新科技驅動成長，他們投下大筆資金和人力，致力研發創新，搶得先機。面對瞬息萬變的市場，該公司似乎需要審慎以對，嘗試新的方案，於是Shimano 邀請ＩＤＥＯ和他們一起合作。

接下來，便進入「設計師—客戶」關係的實際運作，但我們之間的合作情形，和幾十年前甚至幾年前的慣例截然不同。Shimano沒有給我們技術規格清單，沒有給我們厚厚一落裝滿市場研究的資料夾，也沒派我們去設計一堆零件。相反的，我們和他們一起展開研究，探索自行車的市場變遷。

初期階段，我們組織了一支跨學科小組，包括設計師、行為科學家、業務人員和工程師，找出這項專案有哪些限制因素。研究小組一開始就有預感，不該把焦點集中在高檔市場，於是他們改採打散策略，分頭去研究為什麼有九成的美國成年人不騎腳踏車，尤其是，這些人之中又有高達九成的比例，小時候確實騎過腳踏車！為了找出新的角度來思考這個問題，於是廣泛接觸各形各色的消費者。他們發現，遇到的每個人幾乎小時候都有過快樂的單車歲月，但很多人被目前的自行車風潮嚇到：像是令人生畏的零售經驗（包括那些一身萊卡服的運動員，多數獨立腳踏車商店都雇用這些人擔任銷售員）；錯綜複雜、聽了半天還是一頭霧水的單車、配件、專業服裝，外加令人咋舌的價格；騎在非自行車道上會不會有危險；還有，要花費這麼多時間金錢去保養一台只在週末騎騎的精密機器，究竟值不值得。他們注意到，幾乎所有訪查對象的車庫裡，都有一輛消了氣或脫了鏈的腳踏車。

這項以人為中心的調查研究，不只要收集單車迷的意見，更要得知一般人的想法，尤其是那些不屬於Shimano核心消費群的民眾。我們從研究結果中得知，有一個全新的腳踏車類別，可以把美國消費者和他們的兒時經驗重新連結起來。一個未開發的龐大市場，開始在他們眼前成形。

設計團隊發現，好像每個人都記得Schwinn這個自行車老品牌的腳煞車，於是研發出「coasting」的滑行變速概念。Coasting滑行變速裝置可以把流失的單車騎士找回來，從事這項簡單、易懂、健康又有趣的活動。以娛樂而不是運動為主調的Coasting自行車，沒有手把煞車，沒有緊貼車體的纜線，沒有大大小小依次套疊的精密齒輪需要清洗、調整、修理和替換。和我們記憶中的早期單車一樣，只要倒踩踏板就可以把車煞住。Coasting自行車將以舒適坐墊、直立手把、防刺輪胎和幾乎不需維修為號召。但它不只是一輛復古腳踏車，因為它結合了自動變速系統和精巧的引擎裝置，讓齒輪可以隨著腳踏車加速或減速自動變換。

全球三大自行車製造商，特瑞克（Trek）、萊禮（Raleigh）以及捷安特（Giant），相繼採用Shimano研發出來的這項創新零件，推出新的自行車款，但我們的團隊並未就此打住。設計師或許會把這個案子局限在腳踏車本身，就此結案，但身為全方位的設計思考家，他們選擇繼續往前推進。他們為腳踏車獨立經銷商擬定店鋪零售策略，希望減輕初學者的惶恐不安，不要一進門就被專為單車迷打造的銷售環境嚇到。他們發展新的品牌，把Coasting定位成一種享受生活的方式。他們和地方政府及單車組織合作，設計公關宣傳活動，包括架設網站，標示出安全的騎乘地區。

隨著這個專案從發想到構思到執行，牽涉到的個人和組織也越來越多。值得注意的是，在一般人印象中，設計師首先會提出的問題應該是自行車的外型，但這個問題卻一直要到發展過程的最後階段，專案小組已經創造出一套「參考設計」（reference design），列出產品的種種可能性，讓自行車製造商的設計團隊可以從中取得靈感之後，才正式進入討論。不到一年，這款自行車便成功上市，總計有七家製造商和Shimano簽約，生產Coasting自行車。一件設計案就這樣變成了一件設計思考案。

創新三空間

雖然我很樂意提供簡單易做的方法，確保每個專案最後都能和Shimano這個案子一樣成功，然而那是不可能的，因為設計思考的本質並不是如此。設計思考家和上個世紀初那些擁護科學管理的鬥士不同，他們知道，並沒有「最佳方法」可以度過這個過程。邁向創新的路途中，確實存在一些有用的起點和有益的路標，但我們最好把創新的過程想像成一系列彼此重疊的空間，而不是一連串秩序井然的步驟。我們可以用「3 I」空間來思考這個過程：**發想**（inspiration）、**構思**（ideation）和**執行**（implementation）。「發想」指的是刺激你尋找解決方案的機會與需求；「構思」指的是想法的催生、發展和驗證；「執行」指的是從研究室通往市場的步驟。在研究小組不斷琢磨想法、探尋新方向的過程中，這個案子可能會在這三個空間裡來來回回不只一次。

這種交互影響、非直線的走法，並不是因為設計思考家沒有組織、缺乏紀律，而是因為設計思考基本上就是一種探索的過程；只要做對了，必然會在路途中找到預料之外的發現，而且除非是笨蛋，否則一定能看出它們將通往何處。這些發現通常都能和持續進行的流程彼此整合，不致造成中斷。但有些時候，這類發現也會刺激工作小組回頭思考一些最基本的假設，比方說，測試原型產品時，消費者的反應可能會讓我們產生新的洞見，看到一個更有趣、更有前景、更具市場潛力的新方向。這類洞見會啟發我們重新思考原先的假設或把它修正得更加精練，而不是一味固執地推動原本的計畫。套用電腦工業的術語，這種做法並非不是系統重灌，而是有意義的系統升級。

這種互動式做法有個風險，好像會讓構想上市的時間拖長，但這往往是一種短視近利的觀念。一個真正了解情況的團隊，根本不覺得有必要在一條終究沒有結果的路上多走一步。我們看過很多專案因為想法不夠完善，而被管理部門砍掉。如果一個專案在進行了幾個月或甚至幾年之後才宣告終止，對經費和士氣都是很大的打擊。一個靈活敏捷的設計思考家團隊，會從第一天就開始製作初樣，然後一路自我修正。如同我們在IDEO常說的：「越早失敗，就越快成功。」

由設計思考所主導的流程，因為結果開放、心態開放，而且是採取互動式做法，沒有經驗的新手可能會覺得一團混亂。但是只要把專案從頭到尾走過一趟，肯定會發現這種做法非常合理，而且得到的結果，也截然不同於直線前進、按部就班的傳統商業模式。畢竟，一切都在預料當中，工作就會變得無聊，而無聊工作終歸留不住有才華的人。傳統模式還有一個不好的結果，那就是對手很容易抄襲。因此，最好能採取實驗性做法：分享過程，鼓勵集體思考，讓團隊成員彼此學習。

第二種方法，是從領域的角度去思考彼此重疊的創新空間。對追求美的藝術家或追求真理的科學家而言，專案的種種限制可能是令人討厭的束縛。然而，如同傳奇設計師伊斯姆（Charles Eames）常說的，設計者的特色就是樂意擁抱限制。

少了限制，就不可能有設計，而最好的設計，往往就是來自於最嚴苛的限制，例如精密的醫療儀器或災民緊急收容所。如果這兩個例子太過極端，那不妨看看全美第二大連鎖零售商塔吉特（Target）的成功案例，該公司讓更廣大的民眾可以用比以往低廉許多的價格購買到設計商品。事實上，對葛雷夫斯（Michael Graves）或麥茲拉西（Isaac Mizrahi）這種等級的產品設計大師或時裝設計師而言①，要他們設計一整組低價廚具或一款成衣，可是比設計一只在博物館商店裡要價幾百美元的茶壺，或設計一件在精品店裡賣上幾千美元的禮服，要困難許多。

這種接受挑戰限制的意願或熱忱，正是設計思考的基礎所在。設計過程的第一階段，通常就是找出有哪些重要限制，然後建立評估架構。我們可以利用成功構想的三大準則，讓這些限制無所遁形。這三個彼此重疊的準則分別是：**可行性**

譯註①：葛雷夫斯和麥茲拉西都是曾經和塔吉特公司合作的著名設計師。

（feasibility，產品的功能在應用上的可行性）；**存續性**（viability，產品有可能成為公司永續商業模式中的一部分）；和**需求性**（desirability，對使用者有價值，抓得住消費者的心）。

稱職的設計者會一一解決這三大限制，設計思考家則是會讓這三大限制達到和諧平衡的狀態。大受歡迎的任天堂Wii遊戲機，就是一個正確的好範例。有好幾年的時間，遊戲工業一直砸下大錢競相研發更複雜逼真的圖像和更昂貴的遊戲機，彼此爭奪的態勢，宛如一場貨真價實的軍備競賽。任天堂發現，它或許有機會利用手勢控制的新科技，打破這場惡性循環，並創造出更加身歷其境的臨場感。這意味著，它不再把焦點放在螢幕圖像的解析度上，從而降低了遊戲機的價格，並提高產品的邊際效益。Wii一舉揮出了全壘打，讓可行性、存續性和需求性達到完美平衡。它創造出更有魅力的使用者經驗，並為任天堂帶來龐大利潤。

雖然追求和平共存，但這並不意味著，所有的限制都是生而平等；推動某一專案的力量，可能會不成比例地集中在科技、預算或某些人為條件的因緣際會。組織形態不同，打頭陣的主力也就不同。此外，這也不是一條筆直往前的線性過程。設計團隊會不斷在這三個考量之間繞圈子，直到專案結束為止，但促成設計思考脫離現狀的動力，並不是稍縱即逝或人為操弄的欲望，而是強調對人類基本需求的重

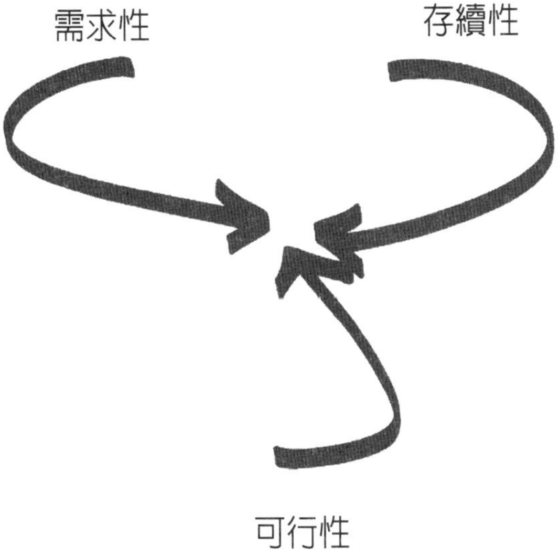

現。

這道理雖然聽起來顯而易見，不需證明，但事實上，大多數公司處理新構想的方式卻與這大相逕庭。它們比較喜歡從可以直接套進現存商業模式的條件著手，這種想法的確無可厚非。由於商業體系的目的就是為了提高效率，因此新構想往往是以增值為目標，這些構想通常都在預料之內，也很容易被對手模仿。就是因為這樣，今天我們才會在市場上看到這麼多單調一致的產品。最近，你可曾逛遍任何一家百貨公司的家庭用品部門？可曾買過印表機？或在停車場時差點開錯車？

工程導向的公司在尋求科技突破時，普遍會採取第二種做法。也就是，研究小組先找出新的製造方法，接著才去思考，這種科技是否可以套入現存的商業體系，繼而創造收益。正如杜拉克（Peter Drucker）在他的經典論著《創新和創業精神》（*Innovation and Entrepreneurship*）中指出的，仰賴科技得冒極大的風險。只有少數的技術創新可以帶來立即的經濟獲益，證明當初投下的時間和資源是值得的。這或許可以解釋，為什麼大型研究發展實驗室，例如全錄帕羅奧圖研究中心（Xerox PARC）和貝爾實驗室（Bell Labs）這類在一九六〇和一九七〇年代極具影響力的人才培育所，如今會持續衰退。現今的企業不再支持長期研究，而試圖把創新的努力局限在短期就可以看到商業成效的構想上。它們很可能正在鑄下大錯。因為把焦點鎖定在短期的存續性上，很可能會犧牲創新去換取利潤。

最後，一個組織對人類基本需求和欲望的尊重，也可能成為驅動該組織的力量。當然，在最糟的情況下，這可能只是一場美夢，不具任何實質意義的產品，注定會被送進垃圾掩埋場，套用設計批評家帕帕納克（Victor Papanek）那句不中聽的直言：說服民眾「用他們沒有的錢，去買他們不需要的東西，好向他們不在乎的鄰居炫耀」。就算有值得讚賞的目標，像是讓旅行者安全通過檢查站，或是將乾淨的飲水運送到貧窮國家的鄉下地區，但如果執行時把主要焦點集中在三合一限制中的其中一項，而不是讓三者取得平衡，也可能會降低整個計畫的永續性。

專案

設計師早已練就一身本領，擅長解決這三大限制中的某一項，或甚至可以三項全包。相反的，設計思考家則是正在學習，如何以創意方式優游在這三者之間。設計思考家之所以這麼做，是因為他們已經把思考重點從問題（problem）轉向專案（project）。

專案是把構想從概念落實為產品的載具。和彈鋼琴或付帳這類我們習以為常的事情不同，設計專案並不是沒有終點、持續不斷的過程。設計專案有開始、有中點、有結束，就是這些限制條件讓它和現實世界緊密相連。我們必須在專案的架構內把設計思考表達出來，這迫使我們一開始就得提出清楚的目標。有了清楚的目標之後，自然會產生最後期限，逼著我們遵守規定，同時也讓我們有機會檢視進度、中途修正，改變未來的活動方向。一個定義明確、清楚指出方向和限制的專案，是讓創意能量始終能維持在高檔狀態的關鍵。

「創新或死路一條：腳踏裝置競賽」（Innovate or Die Pedal-Powered Machine Contest）就是一個很好的範例。這是Google與單車公司Specialized合作發想的設計競賽，目的是要利用單車科技改變這個世界。最後的優勝隊伍是由五位死忠設計師和一群熱心支持者所組成，在所有參賽隊伍中，他們算是起步較晚的。經過幾個禮拜瘋狂地腦力激盪，他們提出一項緊急議題（有十億一千萬開發中國家的居民尚未取得乾淨飲水），考察了各種替代方案（流動或固定？拖車或車頂行李架？），然後建造出一種工作雛型：一輛人力三輪車，可以在運送飲水的途中同時過濾飲水。

這輛「行動濾水車」（The Aquaduct）目前正在世界各地遊歷，宣傳各種淨水創意。這項創新之所以成功，是因為它死守科技（腳踏）、預算（零）和截止日期等限制。行動濾水車的案例，和大多數的學院或企業實驗室的情況剛好相反，在這些實驗室裡，一項研究計畫的目標可能直到案子結束時都還搞不清楚，而最後的結果除了把經費花光之外什麼也沒有。

設計綱要

設計綱要（Brief）是所有專案工作的起點。設計綱要幾乎就像是科學假設，是一套腦力限制條件，提供專案團隊一個著手進行的架構、一套衡量進度的基準，以及一組有待實現的目標：價格點、可以使用的技術、市場區隔等等。這項綱要和科學假設之間的類比還可以繼續往下推。正如假設和演算不同，專案設計綱要並不是一套指示命令，也不打算回答還沒出現的問題。相反的，一個結構完善的綱要可以讓意外驚喜出現、讓預測失誤發生、讓命運的反覆無常上演，因為這就是創意國度的特色，而突破性的構想就是在這樣的環境中浮現。如果你已經知道你在追求什麼，通常也就沒什麼好期待了。

我剛開始做工業設計師的時侯，設計綱要是放在信封裡交給我們。當時的綱要通常就是一組嚴格規定的條件，我們除了給產品包上一層漂亮的外殼之外，根本沒任何發揮空間，因為產品的基本概念早就在其他地方決定好了。我最早分配到的工作之一，是為一家丹麥電器製造商設計一款新式個人傳真機。在技術面上，這項產品所採用的零件是由另一家公司提供。產品的商業可行性已經由「管理階層」確定，目標是要瞄準現有市場。甚至連它的需求性也已經由之前的機種決定了大半，畢竟大家都知道傳真機差不多會是什麼長相。我根本沒多少操作空間，只能想辦法讓這部機器更引人注目，好打敗其他設計師的產品，那些設計師也正在絞盡腦汁爭奇鬥豔。可想而知，當相關公司對這項遊戲規則越來越熟練，它們之間的競爭也會越來越激烈。同樣可想而知的是，不管經過多少年，事情大概也不會有什麼改變。有個失敗的客戶最近曾發出這樣的哀嘆：「我們累到人仰馬翻，就只是為了百分之零點幾的市場佔有率。」結果自然是利潤越來越薄、價值越來越低。

這點可以在所有消費性電器商店裡找到明證，貨架上的數千種產品在螢光燈的嗡嗡聲中，競相用一些根本不需要或完全無法理解的特色，吵著要吸引我們的注意力。無謂的款式設計和過於武斷的圖案包裝，也許會讓顧客多看兩眼，但很少能提升持有經驗或使用感受。太過抽象的設計綱要，或許會讓專案小組一頭霧水；然而一開始就設定一堆限制的設計綱要，最後的結果肯定是增值設計，而且往往都是次級品。這種做法讓設計領域淪為經濟學家所說的「沉淪競賽」（the race to the bottom），難怪經濟學的創始者會說這是一門「鬱悶的科學」。

成功的設計綱要可以提高標準，讓優秀的組織脫離溫和成長的行列。寶僑公司（Procter & Gamble）就是個好例子。該公司在二〇〇二年首開風氣，把設計當成一種創新和成長的資源。在創新長卡恰克（Claudia Kotchka）的推動下，寶僑的每個部門都開始為讓該公司享譽世界的強大研發技術，注入設計導向的創新。

寶僑家品的研發長隆恩（Karl Ronn），是最早看出這項潛力的資深執行長之一，他的目標不是逐漸提高現有產品或品牌的附加價值，而是要激發可以帶來重大成長的創新。於是，他帶著一份合宜的設計綱要來到IDEO：經過徹底改造的浴室清潔用品，這項產品必須強調宛如謎語般的「日日潔」功能。隆恩並沒有展示實驗室的最新科技，也沒有命令我們把產品包裝成流線型外加垂直尾翼，更沒要求我們為目前的市佔率提高幾個百分點。他的綱要給了專案小組一個明確可行的目標，但不會過於具體，他讓我們有空間去詮釋自己的想法、去探討、去發現，但那空間又不會大到無邊無際。

在專案進行的過程中，隨著新想法不斷累積，似乎可以調整一下最初的計畫，加入一些新的限制：新修正的價格點，以及規定「不使用電池或電力運轉」。這類中途調整相當普遍，也是一個健康、機動、有彈性的過程的自然產物。修正過的綱要，讓隆恩明確訂出最適合公司的價格層級和產品複雜度。

與此同時，日益精練的原始計畫，也幫助專案小組在可行性、存續性和需求性三者之間，找到最好的平衡點。經過十二週的努力，這份精湛的設計綱要竟然催生出三百五十項產品概念、超過六十件原型，並有三件構想進入發展階段。其中之一更在十八個月後送上生產線，那就是附有可拆卸手把的小型掃帚刷Mr. Clean Magic Reach，一項符合所有指定標準的多功能用具。

這個案例告訴我們，設計思考需要雙方共同實踐：其中一方當然是設計團隊，但客戶同樣也很重要。我算不清有多少客戶才剛踏進門就嚷著「給我下一個iPod」，不過，私下竊竊回說「給我下一個賈伯斯」的設計師，數量也不少。合宜的設計綱要，和過於模糊或過於嚴苛的設計綱要之間的差別，可是不下於充滿突破性想法的設計團隊，和只會重炒冷飯的設計團隊。

跨領域的整合團隊

下一個構成要素，顯然就是專案團隊。雖然單打獨鬥的作業方式也不是不可行（矽谷的車庫裡仍充滿孤獨的發明者，渴望有朝一日能變成下一個惠普雙雄[②]），但現今大多數的設計專案都過於複雜，很快就把單人作業的方式淘汰到邊緣地區。就算是在比較傳統的工業設計和平面設計領域，更別提建築界了，團隊工作也都是行之有年的常態。汽車公司的每一款新車，都是由數十名設計師共同操刀；一棟新建築可能得動員上百位建築師。當設計師開始處理更廣泛的問題，開始往創新過程的上游移動時，一個人孤獨坐在工作室裡埋首調整形式與功能關係的寂寞設計師，已經把寶座讓給了跨領域的整合團隊。

我衷心希望，那些開創形式、充滿啟發的設計師永遠能得到我們的尊敬，儘管如此，今天，設計師與其他工作者攜手合作的情形已十分普遍，對象包括心理學家和民族學家、工程師和科學家、行銷和企業專家，以及作家和電影製片等。上述這些領域以及其他更多學科，長久以來都對新產品和新服務的發展貢獻良多，不過一直要到今天，我們才把他們聚集在同一個團隊、同一個空間裡一起合作，而且使用同一套程序。當企管碩士可以跨越學科藩籬，學會和藝術碩士及哲學博士交談（更別提三不五時會出現的執行長、財務長和技術長），彼此在工作及業務上的交集自然會日益增加。

在IDEO我們常說：「三個臭皮匠，勝過一個諸葛亮。」不管對任何組織而言，這都是開啟創意力量的關鍵所在。我們要求同仁別只針對物質、行為或軟體提供專業建議，而是要積極投入創新領域的三大空間，不管是發想、構思或執行，每塊都要參與。不過，要把來自不同背景、多重領域的人們組成專案團隊，並肩合作，確實需要一些耐性。我們得有本事看出哪些人對自己的專業能力具有足夠的自信，願意進一步超越提升。

想要在科際整合的環境中工作，必須具有雙向能力，也就是麥肯錫顧問公司所說的「T型人」。在縱向部分，團隊的每個成員都必須身懷某項絕技，可以對成果

譯註②：惠普雙雄是指惠普公司的兩大創始人惠立特和普卡德（Bill Hewlett & Dave Packard）。一九三九年，這兩位史丹福畢業生在自家附近租來的倉庫裡創立惠普公司，成為「車庫創業」的始祖。

做出實質貢獻。無論是在電腦實驗室、機械工廠或實地觀察中，這種能力都很難取得但很容易被發現。也許得翻閱數千份簡歷才能找到那些獨一無二的人選，但那份力氣不會白花。

可是這樣還不夠。有許多設計者是熟練精湛的技術人員、工匠或研究者，他們努力在這個一團混亂、需要解決各種複雜問題的環境中生存下來。他們可以發揮重要功能，但在設計執行界裡，卻注定要居於下游地位。設計思考家就不同，他們在縱軸上多畫了一橫，變成「**T型人**」。他們可能是研究心理學的建築師，擁有企管碩士學位的藝術家，或具有行銷經驗的工程師。**具有跨領域合作能力和性格的人**（合作性格的重要性不下於合作能力），**永遠是創意組織積極尋覓的目標**。因為到頭來，這項能力正是區隔的關鍵，可以決定一個團隊究竟只是多領域混編團隊，還是真正的跨領域整合團隊。在多領域混編團隊裡，每個成員都會擁護各自的專業，於是專案變成了成員之間的漫長協商，結果往往是黑白不分的灰色妥協。但是在跨領域整合團隊裡，所有的想法都是集體共有，每個人都得為結果負責。

大團隊中的小團隊

設計思考是團體思考的對立面，然而弔詭的是，設計思考卻是在團體中進行。懷特（William H. Whyte）早在一九五二年曾對《財星》雜誌的讀者解釋，「團體盲思」（groupthink）的結果往往只會壓抑人們的創意。設計思考的目的剛好相反，是要解放人們的創意。當一群才華洋溢、樂觀積極、充滿合作精神的創意思考家聚在一起，就會產生化學變化，激發出預料之外的行動和反應。然而經驗告訴我們，要達到這個境界，必須把這股能量導向生產，而要做到這點的方法之一，就是廢除大型團隊，支持眾多小組。

儘管大型創意團隊的運作模式並不罕見，但幾乎都集中在專案的執行階段；相反的，發想階段需要的是小型團隊，為專案確立整體架構。當馬自達（Mazda）首席設計師馬塔諾（Tom Matano）向領導階層提出雙門敞篷小跑車Miata的概念時，陪同他一起做簡報的只有兩名設計師、一名產品規劃師和幾名工程師。然而到了該專案的尾聲階段，他的團隊成員已經增加到三、四十人。重要的建築專案、軟體專案或娛樂專案等，大約都是依循這種模式。下次租影片時請看一下片尾的工作人員名單，特別注意前製部分，前製階段肯定都是由導演、編劇、製片和美術指導組成的小型團隊，負責發展電影的基本概念，等概念確立之後，「大軍」才會開拔。

對於目標簡單、規模有限的專案，這種做法大抵可以奏效。然而面對複雜度較高的問題時，我們很可能會一開始就想增加核心團隊的人數，這樣做的結果，往往會造成工作效率大減，因為花在團隊溝通的時間超過進行創意構想的時間。那還有其他選擇嗎？在處理複雜度較高的系統性問題時，有可能繼續保持小團隊模式的效率嗎？依照目前的趨勢看起來，設計精準、部署靈活的新科技，可以幫助小型團隊發揮以小搏大的力量。

不過，以電子化科技協同合作的美好前景，不是要用來建立更分散且規模更大的團隊，因為這種做法只會讓棘手的政治和官僚問題雪上加霜。我們應該努力的目標，是建立小組之間的互助網絡，例如線上創新交易公司意諾新（Innocentive）的做法。不管任何公司，都可以把研發問題貼在意諾新網站的挑戰欄裡，會有數以萬計的科學家、工程師和設計者看到這項挑戰，如果他們願意，便可以提交解決方案。換句話說，以分散、去中心化和相互增強為特色的網際網路，主要手段並不是作為體現新組織形式的模型。因為它的特色是來源開放、結果開放，可以聚集眾多小組的力量，解決同一個問題。

目前，追求改革創新的公司，正在和第二個相關問題搏鬥。隨著我們面對的議題越來越複雜，像是錯綜難解的多國供應鏈、科技平台的快速變遷、散居各地的消費者突然出現又突然消失等等，對若干專家的需求也就越來越高。當所有團隊成員都在同一個地方工作時，這項挑戰就夠困難了，若是碰到某個關鍵投入要素得靠分散在世界各地的合夥人提供的情況，那挑戰更會難上數倍。

對於遠距協作的問題，已經投入了許多努力。當數位電話網路的技術問題在一九八〇年代獲得解決之後，早在一九六〇年代就已發明的視訊會議，立刻普及起來。但一直要到最近才開始顯露徵兆，可以作為遠距協作的有效媒介。電子郵件對小組集體工作貢獻不大。網際網路有助於訊息流通，但無法把人聚在一起。創意團隊不只需要透過語言文字分享想法，還需要透過視覺和身體的接觸。寫備忘錄不是我的強項，把我擺到團隊合作的房間裡，我才能發揮最大功能，有人正在白板上畫圖，有人正在便利貼上寫備註、正在把拍立得照片貼到牆上，還有個傢伙坐在地板上組裝簡易原型。我還沒聽過有哪個遠距協作工具可以取代這種面對面的即時交談和意見分享。

到目前為止，環繞著遠距團體這個主題打轉的創新計畫，都因為不了解激發創意團隊和支持團體協同合作的力量是什麼，而大受打擊。這類計畫太過關注機械式工作，像是貯存和分享資料或召開組織會議，對於更麻煩的概念發想和建立共識等任務，則是過於忽略。所幸，近來已經有些改變的徵象。社交網站的出現，證明了人們想要連結、分享和發表，即便這些活動暫時得不到立即的報酬。沒有任何經濟模型可以預測Twitter（推特）和Facebook（臉書）的成功。由惠普和思科系統聯手發展的思科網真（telepresence）這類創新科技，相信將會為視訊會議帶來驚人的大躍進。

目前已經有許多小規模的工具可以使用。「Always on」錄像連結（又稱為「蟲洞」〔wormholes〕），鼓勵分散各地的團隊成員進行自發性的互動，也可加強小組團體和遠距專家之間的接觸，無論他們居住在哪個城市或國家。這種即時聯繫的能力非常重要，因為好想法往往是說來就來，也很可能在週會空檔消失無蹤。即時通、部落格和維基百科讓團隊成員可以用新的方式發表想法、分享洞見，更棒的是，只要某個團隊成員家中有人正在就讀中學，就可以把昂貴的ＩＴ技術支援小組一併省掉。別忘了，這些工具在十年前一樣也不存在（根據科技預言大師凱利〔Kevin Kelly〕的說法，網際網路至今的發展時程僅用「天」數就可計算）。這些新技術全都會引領我們走向新的協同合作實驗，進而為團隊互動帶來新的洞見。凡是認真看待跨組織設計思考的人，都會樂見其成。

創新文化

Google公司內部設有滑水道、有紅鶴、有真實大小的充氣恐龍。皮克斯（Pixar）內部有海灘小屋。在IDEO只要隨便挑釁一下，就會爆發「手指轟炸」（FingerBlaster）的戰爭。

只要一說起這些公司最著名的創意文化，通常就很難停下來，不過這些象徵創新的標誌，確實就只是「標誌」。一個能激發創意的地方，不一定非得瘋狂、古怪。真正不可或缺的是，一個人們知道可以在裡面實驗、冒險、盡情發揮的環境，包括社交和空間環境。這點非常重要，否則就算你把身邊的T型人找來，把他們組成跨領域的整合團隊，並和其他團隊建立互助網絡，如果他們必須在一個打從一開始就注定所有努力都將失敗的環境中工作，那麼一切都是白搭。一個組織的物質空間和心理空間，就像座椅一前一後的協力車一樣，以串聯運作的方式，來決定內部人員的工作效率。

一個相信事後請求原諒勝於事前取得允准的文化，一個獎勵成功且容許失敗的文化，已經在無形中移除掉阻擋新構想成形的障礙。如果《管理大未來》的作者哈默爾（Gary Hamel）的預言正確，隨機應變和持續創新確實能得到二十一世紀的青睞，那麼以創意為「產品」的組織，就應該致力培養可以反映創意和強化創意的環境。與其說放鬆規則會讓人變蠢，不如說放鬆規則會讓人變成「全方位的人」，但許多公司似乎都不太情願踏出這一步。事實上，四分五裂的員工，通常只是反映組織本身的四分五裂。我在很多地方都注意到，「創意」設計師自外於公司其他同仁的情況。也許他們在自己的工作室裡可以很開心，但是這種隔離狀態會逐漸侵蝕組織的創意努力：不只設計師得不到公司其他部門的知識和專業資源，還會讓公司其他同仁感到洩氣，認為自己是待在一個朝九晚五的上班族世界，只能遵守嚴肅的商業倫理。如果美國汽車公司可以讓設計師、行銷人員和工程師坐下來交換意見，他們對市場變化的反應或許會比較快。

「認真玩創新」這個觀念，在美國社會科學界已經行之有年，但說到它的操作層面，沒人比蘿絲（Ivy Ross）了解得更透徹。身為美泰兒（Mattel）公司的資深副總裁，專門為小女孩設計產品，蘿絲知道，要在美泰兒內部進行跨領域的溝通和協作，是一件困難的事。為了解決這個問題，她提出一項為期十二週的實驗計畫，代號是「鴨嘴獸」（Platypus），實驗期間，來自組織各部門的參與者受邀到另一個空間工作，目標是創造出一級棒的產品新構想。蘿絲告訴《高速企業》（*Fast Company*）雜誌：「別的公司有臭鼬產品，我們有一隻鴨嘴獸。我查了鴨嘴獸的定義，那是『一種罕見的異種混合。』」

的確，在美泰兒工作的人原本就形形色色，差異很大，有來自金融界和行銷界的，也有出身工程界和設計界的。現在唯一要做的，就是讓他們在這三個月內，全心投入「鴨嘴獸」計畫。由於其中有很多人先前從沒有參與過新產品的開發，接受過創意訓練的人也只有少數，因此前兩個禮拜是在「創意魔鬼營」中度過。他們在那裡聆聽各類專家談論各種學問，從兒童發展到團體心理學，同時學習各種新技巧，包括即興表演、腦力激盪和原型製作。接下來的十個禮拜，他們探討少女遊戲的新方向，並提出一系列創新產品的概念。最後，他們備好了一切資料，打算向管理階層大力推銷他們的想法。

雖然「鴨嘴獸」就位在加州埃爾塞貢多的公司總部附近，但它卻創造出一個挑戰所有公司規則的空間。蘿絲定期籌組新的團隊，把他們放進量身打造的環境中，讓他們以在正規工作中不可能採行的方式，進行各種實驗。許多鴨嘴獸的結業生回到原先部門之後，果然如她所料，以毅然決然的態度想要學以致用。然而他們發現，原先部門的效率文化依然沒變，讓這些做法窒礙難行，許多人深感挫折，有些人甚至因此離開公司。

顯然，光是挑選成員、把他們放進專為臭鼬、鴨嘴獸等冒險生物打造的環境中，這樣做還不夠。他們確實鬆綁了自己的創意想像，但接下來，還必須有一套重返組織的計畫。卡恰克在為寶僑打造克雷街專案（Clay Street Project）時，就了解到這項需求。專案名稱是來自辛辛那提市中心的一棟閣樓，專案小組在那裡可以逃離日復一日的瑣事，像個設計師一樣思考。克雷街的理論是，每個部門，比方說美髮部門或寵物部門，為每個專案提供資金和人員，哪個團隊提出的想法最強而有力，就可以得到公司的支持，讓想法進入執行階段，進而上市。過時的草本精華（Herbal Essence）品牌，就是在這座溫室裡進行變身大改造，加入嶄新成功的產品行列。體驗過克雷街專案的員工，不只能帶著新技術和新想法回到原先部門，還可以在公司的全力背書下學以致用。

利用實體空間增強創意過程

雖然設計思考有時似乎抽象得令人害怕，然而事實上，設計思考是一種具體化的思考，除了具體展現在團隊和專案當中，也體現在創新的實體空間裡。一個強調開會和查核進度的文化，很難支持創意過程中最重要的考察和互動。所幸，我們還是有些具體的做法，可以確保場所設備發揮它們的協助功能。IDEO配置了一些特殊「專案室」，保留給執行專案的團隊成員。某個小組在其中一個房間裡思考未來的信用卡；隔壁是另一個小組，正在為醫院病患研究一種預防深部靜脈栓塞的機器；再隔壁是蓋茲基金會（Bill and Melinda Gates Foundation）的案子，為印度鄉間規劃乾淨用水的輸送系統。這些專案空間都很寬敞，足夠團隊成員把不斷累積的材料、照片、進度表、概念和原型等全都擺放出來，隨時取用。一邊工作一邊看著這些專案材料，可以幫助我們確認樣型，也可以刺激我們把已經浮現的部分整合起來，效果遠高於把資料藏在檔案夾、筆電或PowerPoint裡。一個規劃完善的專案空間，外加一個協助小組成員外出實地觀察時，隨時和內部保持聯繫的專案網站或wiki，可以大大提升團隊的生產力，因為它們為小組成員提供更好的合作環境，和外部夥伴及客戶之間的溝通也更方便。

這類專案空間對我們非常重要，是創意過程中不可或缺的一部分，所以只要有機會，我們就會大力向客戶推銷。寶僑在辛辛那提蓋了名為「健身房」（Gym）的創新實驗室，研發團隊在這裡為專案進行渦輪增壓，讓原型產品更快成形。知名家具製造商Steelcase成立「急速學習中心」（Learning Center in Grand Rapids），作為公司的教育設施兼創意思考空間。不管任何日子，都可以在中心的小組室和專案空間裡，看到員工在進修管理課程，顧客在學習如何強化公司產品的協同合作，或是資深領導人聚在一起討論。這些想法甚至打進了高等教育的領域。IDEO的一支團隊和史丹福創新學習中心的教育研究專家攜手合作，為該中心打造出好幾層可以隨機改造重組的空間。由於設計思考的本質是嘗試和實驗，因此靈活有彈性正是它的成功關鍵。就像呆伯特（Dilbert）告訴我們的，標準規格的空間只會產生標準規格的想法。

當講求績效的層級制文化轉變成冒險探索的文化時，有一點很重要。那些轉換成功的人，通常都會變得比之前更投入、更拚命、更狂產。他們會一早就來上班，待到很晚還不肯走，因為把新想法打造成形、進而將產品送進市場這項工作，讓他們感到無比滿足。一旦體驗過這種感受，很少人會輕言放棄。

經過長達一百年的創意解難磨練，設計師已經累積了一套工具，可以幫助他們遊走在我所謂的「創新三空間」：發想、構思和執行。我認為，現在必須把這些技術擴散到整個組織。更重要的是，設計思考必須力爭「上游」，更靠近制定決策的執行單位。現今，設計的重要性已大到不能只交給設計師去發落。

要那些好不容易拿到設計學位的人，去想像自己的角色是在工作室外，他們可能會非常困惑，就像經理人會覺得奇怪，為什麼非要求他們像設計師一樣思考。但我們應該把這視為一個領域日漸成熟的必然結果。二十世紀挑戰設計師的那些問題，像是打造精巧的新產品、創造新商標、把一些嚇人的小科技放進討人喜歡或至少無毒無害的盒子裡，這些都不再是二十一世紀的主要課題。如果我們要應付加拿大設計師莫（Bruce Mau）所說的「巨變」，那似乎是我們這個時代的特色，我們全都得像設計師一樣思考。

然而，我除了對公司提出挑戰，希望它們把設計融入公司組織的DNA之外，我也想對設計師提出挑戰，激勵他們繼續對設計實務本身進行改造。我們這個高速紛亂的世界，永遠會有藝術家、手藝人和寂寞發明家的一席之地，但是發生在每個產業裡的重大改變，也都需要新的設計實務：以增強而非壓抑的方式結合個別的創作力量；在集中心力的同時，也要對突如其來的機會保持靈活回應；不只要關心如何讓產品的社會、科技和商業元素達到完美，更要讓這些因素取得平衡。下一個世代的設計師在會議室裡必須像在工作室一樣愉快，還必須把包括成年文盲和全球暖化等所有問題，都當成設計問題。

Chapter 2

化需要為需求，
或把人放在第一位

幾年前，我們在一項辦公室電話系統專案的研究階段，訪問了一位旅行社的員工，因為她替電話會議發展出一套效率驚人的「繞行」做法。她沒花力氣去對付公司那複雜到無法想像的電話系統，而是用一支獨立電話打給每個當事人，同時把收話器排在她四周——明尼阿波里斯的「茱蒂」在她左邊，坦帕（Tampa）的「馬文」在她右邊，這三個人加在一起，就可以搞清一條複雜的旅遊路線。負責處理這個介面的軟體工程師，可能會經常發出「RTMF」這句標準哀嘆：去讀那些他媽的手冊。然而對設計思考家而言，行為沒有對錯，但永遠有意義。

套用杜拉克的名言，設計師的工作是「化需要為需求」。表面上，這聽起來很簡單：只要弄清楚人們要什麼，然後給他們就是了。但事情如果這麼簡單，諸如 iPod、The Pirus、MTV 或 eBay 之類的成功故事，應該滿街都是才對。我認為，答案在於：我們應該把「人」重新放回到故事的中心。我們得學習：**把人放在第一位**。

關於「以人為中心」以及它對創新的重要性，已經很多人寫過。然而，由於真正令人信服的故事實在很少，因此我們應該問一下，為什麼鎖定需要並做出相應的設計，是如此困難的一件事。最根本的問題在於，人們適應不良環境的能力實在太強，強到自己都不自覺，例如坐在安全帶上、把識別碼寫在手上、把夾克掛在門鈕上、把腳踏車鎖在公園長椅上。亨利・福特很清楚這點，他曾說：「假如我問顧客想要什麼，他們會告訴我：一匹更快的馬。」這就是為什麼傳統那些焦點團體和調查研究無法奏效的原因，因為這類做法大多只是問受訪者想要什麼，無法激發新的洞見。傳統的市場調查工具對提高產量確實有效，但絕對無法產生打破規則、改變賽局，進而翻轉模式的突破性想法，沒法讓你拍著腦袋大喊：為什麼以前沒有人想過這麼棒的點子！

因此，我們的真正目標，並不是做出更快的印表機，或更符合人體工學的鍵盤，來滿足消費者提出的需求，那是設計師的工作。我們的目標是，幫助人們說出潛藏在心裡、甚至自己也沒覺察到的需求，而這，才是設計思考家的挑戰。那麼，要怎樣才能做到？又有哪些工具可以協助我們跳脫謹慎保守的改變，讓眼界躍升，擁有重繪地圖的視野？接著，我把焦點擺在所有成功設計案不可或缺的三大要素上。我把這三項彼此強化的要素稱為：**洞見**（insight）、**觀察**（observation）和**同理心**（empathy）。

洞見：從他人的生活學習

洞見是設計思考的關鍵根源之一，它通常不是來自龐大的量化數據，因為那只能精準計算出我們已經擁有的東西，只能傳達我們已經知道的事情。比較好的起點是，走進世界，觀察通勤族、滑板族和護士的真實經驗，看他們如何應對生活中的點點滴滴。心理學家蘇瑞（Jane Fulton Suri）是人因研究（human factor research）的開創者之一，她曾指出人一整天會做出哪些數量驚人的「沒有經過思考的行為」，像是店員拿鐵鎚當作門檔；辦公人員給桌子底下纏成一團的電腦線貼上識別標籤。這些凡夫俗子絕大多數不是我們的產品消費者，不是我們的服務對象，不住在我們這種大樓裡，也不會使用數位介面告訴我們該做什麼。然而，他們的實際行為卻能提供我們無數線索，從中看出他們有哪些需求還沒被滿足。

設計基本上是一種創意努力，這麼說並沒有任何神祕難解的意思。在分析性的範式裡，我們只要解決數字填空就可以（雖然凡是和我一樣曾經在高中時代和代數奮戰過的人，都知道那有多令人氣餒！）。然而在設計的範式中，答案可不是鎖在哪個地方等著我們去把它找出來，而是存在於團隊的創意活動當中。因為在創意過程中產生的想法和概念，先前根本不存在。比較正確的做法是，去觀察某個業餘木匠的奇怪作業，或某家機器工廠的矛盾細節，然後從中觸發想法，而不是去僱請專家顧問或要求「統計學上的平均」人士，來回答調查或填寫問卷。洞見階段是啟動專案的推進器，和接下來的專案工程一樣重要，我們絕對不可放過任何一個可以發現洞見的地方。

從設計進化成設計思考的過程，也就是從創造產品進化到分析人和產品的關係，進而推展到分析人和人之間的關係。這幾年，我們的確看到一項顯著發展，就是設計師逐漸往社會和行為問題移動，例如依賴藥物治療或放棄垃圾食物改吃健康飲食等議題。當疾病管制預防中心找上IDEO，詢求協助以解決兒童和青少年的肥胖問題時，我們立刻抓住機會，運用質性研究的做法來解決這個問題，希望藉此發揮真實的社會影響力。在尋找洞見的過程中，人因專家小組打電話給舊金山「感覺良好體適能」中心的波特妮克（Jennifer Portnick）。

波特妮克有個夢想，希望成為「爵士健身操連鎖加盟公司」（Jazzercise）的舞蹈教練，但她十八號的肥胖身材，不符合該公司要求的「強健身形」。她針對這項規定提出反對，認為「強健」和「大」並不衝突，並一狀告上法庭，這項舉動引起國際關注，迫使該公司取消原本的體重歧視政策。波特妮克的故事，激勵了無數因為後天或先天因素而飽受歧視的人，不論男女胖瘦。這故事也給了設計思考家另一種啟發。因為她是在鐘形曲線③的邊緣（偏胖）大放異彩的人，有助於設計團隊從一個充滿洞見的嶄新角度架構這個問題。如果一開始就接受所有胖子都想變瘦，體重和快樂成反比，或是體型龐大暗示缺乏自律能力這類假設，等於是對這個問題未審先判。

單是波特妮克這個案例，就讓專案小組對青少年肥胖問題有了更多的洞見，效果遠勝於一堆統計數據。和尋找具體數據比較起來，尋找洞見最不費力的一點就是：洞見俯拾皆是，又不用花錢。

觀察：看人們不做的，聽人們不說的

走進任何一家世界頂尖設計顧問公司，你的頭一個問題可能是：「人都跑哪裡去了？」他們花了很多時間在模型工廠、在專案室、在盯著電腦螢幕，不過他們有更多時間是花在實地觀察上，和那些最終能從我們的工作中得到好處的人混在一起。雖然雜貨店老闆、辦公人員和小學生不是在案子結束時會開支票給我們的人，但他們卻是我們的終極客戶。唯一能了解他們的方法，就是去他們居住、工作和玩耍的地方找他們。正因為這樣，我們所承接的大多數專案，都有一段密集的觀察期。我們看他們做（和不做）什麼，聽他們說（和不說）什麼。這可是一項需要練習的工作。

決定該觀察哪些人、該使用哪些研究技巧、如何從收集來的資料中得出有用的推論，以及什麼時候該進入分析總結過程以找出解決方案，這些都不是輕鬆簡單的工作。由於人類學家仰賴的是質性而非量性的觀察和測試，因此上述的任何一項決定，都會影響到他的觀察結果。公司理應對核心市場民眾的購買習慣瞭若指掌，因為一個構想是否有效大抵是由他們所決定——例如芭比的秋裝，或下一年的車款該增加哪些特色。然而，如果我們只關心鐘形曲線的凸出部分，結果往往只是確認我們已經知道的訊息，而無法得出令人意外的新想法。為了找到這類洞見，我們應該朝邊緣前進，朝以不同的方式生活、思考和消費的「極端」使用者前進，比方說，擁有一千四百尊芭比的收藏家，甚或好車成癖的專業偷車賊。打出著魔、無法控制或其他越軌訴求，可能會令人害怕，但肯定也能讓生活變

譯註③：鐘形曲線又稱正態曲線，是一根兩端低中間高的曲線，形狀像一口鐘，所以有此名。在社會學的運用上，鐘形曲線指的是，大多數人會趨向鐘形曲線的中央凸起部分，越靠近兩端的部分則人數越少。

得更有趣。好在，也不是每次都得採用這麼極端的路線。幾年前，瑞士的Zyliss公司找IDEO設計一系列新廚具，專案團隊決定從兒童和專業廚師開始研究——這兩種人都不是主流產品的目標市場。然而正是因為這樣，這兩組對象都提供了極具價值的洞見。

一名七歲小女孩跟一支開罐器搏鬥半天，凸顯出在成人身上看不到的力道控制問題。而一名餐廳廚師所採用的各種快速做法，也意外把我們的洞見導向清潔問題，因為他放置廚具的地方有特殊需求。專案小組因為把關注焦點擴大到這些邊緣消費者身上，於是放棄正規的「配套」做法，改而創造出一系列產品，用共同的設計語言將它們組合起來，但每項用具都非常好用。直到今天，Zyliss的攪拌器、奶油刀和披薩刀，依然是貨架上的超級暢銷貨。

行為轉向

雖然大多數人都可以把自己訓練成更敏感、更老練的觀察者，但有些公司行號確實需要借重經驗豐富的專家，一步一步引導。的確，今日設計實務的最大特色之一，就是有許多受過高度訓練的社會科學家，開始選擇學院以外的職業生涯。一次大戰結束後，有些經濟學家進入政府工作，二戰戰後百廢待舉時，也有少數社會學家冒險轉往私人企業，不過他們的學院同事總是帶著疑慮的眼光看待這類生涯轉向。然而到了今天，某些最具想像力的行為科學研究，其背後的贊助者，正是那些嚴肅看待設計思考的公司。

英特爾（Intel），著名的晶片製造先驅，已重金投資在以人為中心的研究實務。在總工程師貝薩提斯（Maria Bezaitis，其職稱掩飾了她所受的法國文學訓練）領導下，由心理學家、人類學家和社會學家組成的人類與行為研究小組（People and Practices Research Group）研究摩洛哥（Morocco）的穆斯林（Muslim）女性和波特蘭（Portland）的 Airbnb 房東的行動支付情形，探索可能具有全球意涵的在地行為。文化人類學家貝爾（Genevieve Bell）在二〇〇五年成立英特爾第一個使用者經驗小組（User Experience Group），他們遊歷全球，觀察人們在開車時、下廚時、觀看運動賽事和宗教儀式中，與科技的互動，「將外界資訊帶入組織裡」。

一家矽谷晶片製造商，為什麼有興趣贊助一群變節的社會科學家，去研究東歐或西非的文化習俗？這是因為現在，全世界僅有一半人口能使用網路。英特爾知道他們得做好準備，以迎接後續的五十%人口上線。

英特爾並不是唯一一個致力於從觀察中萃取洞見，以之為靈感，創造未來產品的業界領袖。確實，近年來整個使用者經驗（UX或User-Experience）設計中以研究為基礎的領域遍地開花，也為設計師的工具箱充實許多質化和量化的技能。像是IBM、微軟、Google和SAP等公司全都意識到，即使是它們壓箱寶的科技產品也是由人類的需求、偏好和理解來論成敗。而那些消費者導向的公司，如Uber和Airbnb；LinkedIn和Facebook；智慧穿戴裝置FitBit和Netflix，則需要許多有經驗的使用者研究員。

在學院做研究與在產業界工作的社會科學家，有不少專業上的相似之處，他們有同樣的學位、讀同樣的期刊、參加同樣的會議，不過他們之間也有些差異。學院派通常是為了追求某個科學目標，但貝薩提斯和貝爾這類研究者，則是對研究發現的長期實務貢獻比較敏感。而他們的共通點是，其工作和流行追蹤、酷獵（coolhunting）以及季節性市場研究有關的專業度，就像是美國少年棒球聯合會（Little League）與職業棒球一樣。

這波趨勢的下一階段，將由新品種的民族誌學家領銜主演，他們得在時間緊迫的專案架構下工作。和單打獨鬥、鑽研科學理論的學院派，或聚集在英特爾、微軟研究單位裡的社會科學家比起來，這群新人類最適合在包含設計師、工程師和行銷人員的跨領域專案團體裡發揮效用。他們的經驗分享會在整個專案過程中不斷催生出各種想法。

我有很多機會可以在ＩＤＥＯ的夥伴身上，觀察到這種民族誌的實務模型。我們曾經和「社區營建者」這個非政府組織合作過一項專案，該組織是美國規模最大的非營利營建單位，專門為低收入和混合型收入家庭開發公共住宅。我們為這個專案召集了一支小組，包括人類學家、建築師和人因專家各一名。他們共同和營建商、規劃師、市政當局、在地企業家以及服務業者進行訪談，但工作並未就此結束。小組成員進一步挑選了收入水平不同、生活軌道不同，但都住在杜瓦勒公園區的三個家庭，外加肯德基州的一個混合型收入社區，分別進駐一晚，然後才得出真正的洞見。

這種做法在下一個專案裡顯得更加重要，小組成員試圖設計一套工具，協助非政府組織執行以人為中心的設計，以便符合非洲和亞洲農民的維生需求。這一次，小組成員和國際發展企業的夥伴們，在衣索比亞和越南的農村安排了多次過夜停留。不難想見，當地民眾對開著閃亮運動休旅車前來的人類學家和協助官員，一開始肯定是抱持謹慎狐疑的態度，但他們藉由這種做法逐漸和民眾建立起某種程度的信任關係，進而營造出誠實、相互尊重、具有同理心的氣氛。

雖然英特爾、諾基亞和IDEO這些地方的行為科學研究員，都是受過訓練的專家，但碰到合適的情況，我們也會指定客戶「代打」，召集他們親自接下觀察這件苦差事。我們想都沒想，就把口袋大小的筆記本交給寶僑執行長雷富禮（Alan G. Lafley），派他去柏克萊那條琳瑯滿目的電報大道買唱片。雷富禮素以看不慣那些高高在上的執行長聞名，那些人只肯從執行長辦公室或隔著豪華公司車的煙灰色車窗凝視這個世界，覺得那樣就很滿足。但雷富禮不同，他願意冒險走進顧客生活、工作和購物的地方。而他那句廣受報導的「大眾市場已死」的說法，當然是建立在這樣的觀察基礎之上。

有些時候，是我們的客戶主動提供線索，告訴我們可以去哪裡尋找洞見。在我們和美國健康照護改善協會及強生基金會共同合作的急診室專案中，健康照護改善協會的一名成員，報告了他在印第安納波里斯五百大賽（Indianapolis 500）的經驗。他看到一輛冒著煙的賽車停進中途的加油休息站，那裡有一群受過專業訓練、配備最先進工具的精密團隊，在短短幾秒鐘的時間，判斷車子的狀況並完成所有必要的修復。這段描述只要改上幾個字，就可以套用在醫院的外傷中心。我們當然也考察了急診室的真實環境，觀察了病患和工作中的護理人員，不過觀察一些「類比」（analoguous）情況，例如印第安納波里斯五百大賽的加油修理站，消防局所在的街區，以及放假期間的小學操場，往往會讓我們感受到極大的震撼，進而超脫原來的框架，看到更大的格局。

同理心：設身處地、感同身受

我們可以花上好幾天、好幾週，甚至好幾個月的時間進行這類研究，但除非我們和觀察對象站在同樣的立足點上，否則最後我們得到的只會是一堆田野筆記、錄音帶和照片。我們把這稱為「同理心」，而這或許就是學院思考和設計思考最大的不同。我們的目的不是建立知識、測試理論或驗證科學假設，那是大學同僚的工作，是我們所分享的知識景觀中不可或缺的一部分。設計思考的任務則是，將觀察轉譯成洞見，進而轉化成可以改善生活的產品和服務。

必須具備同理心，我們才不會把人當成實驗室的白老鼠，或統計數據裡的標準差。如果我們要「借用」其他人的生命來啟發新構想，首先必須知道，他們那些看似難以理解的行為，同樣是為了應付生活中的混亂、複雜和矛盾，只是大家採取的策略不同而已。全錄帕羅奧圖研究中心在一九七〇年代發明電腦滑鼠，當時，這項複雜精巧的技術裝置是工程師發明給工程師用的。對他們而言，每天工作結束時把滑鼠拆開、清理乾淨，是天經地義的事。不過當初出茅廬的蘋果電腦要求IDEO協助它，創造一款「給其他人」使用的電腦時，我們第一次理解到，同理心具有怎樣的價值。

一個只從自己的立場和經驗發想推論的設計師，不會有太大的發展機會，工程師或行銷人員也一樣。三十歲的男人不會有六十歲女人的生活經驗；富裕的加州人和肯亞奈洛比郊區的佃農，也幾乎沒什麼共同點。一名才華洋溢、認真勤懇的工業設計師，在騎完登山腳踏車、神采奕奕地坐上設計桌時，很可能不知道該怎麼為她罹患類風濕關節炎的祖母，設計一件簡單的廚具。

我們得透過同理心把這些洞見串聯起來，也就是說，要努力透過別人的眼睛去看待這個世界、透過他們的經驗去理解這個世界、透過他們的情緒去感受這個世界。二〇〇〇年，聖路易SSM德波健康中心的執行長波特（Robert Porter），帶著一項願景來到IDEO。波特曾經在美國廣播公司的《夜線》節目中，看到主持人柯佩爾（Ted Koppel）向IDEO發出戰帖，要我們在「一週內」重新設計美國的購物車，因此他來找我們，想看看我們對他們醫院的新大樓有何想法。我們同樣也有一個願景，而且我們看出這是一個機會，可以展開一場嶄新激進的「共同設計」，讓設計師和健康照護專家攜手合作。我們決定從也許是所有醫院環境中最嚴苛的急診室開始，進行自我挑戰。

團隊核心成員之一的辛沙里安（Kristian Simsarian），是以民族誌方法研究科技和複雜系統的專家，這回，他打算利用這項高度專精的技術來捕捉病患的經驗。假如他是病人，從登記到檢查，除了掛號然後穿越急診室之外，還有什麼更好的做法。辛沙里安假裝腳受傷，讓自己變成一般急診室的病患——事實是躺在輪床上，他親眼看到掛號過程有多混亂。他感受到護理人員不斷要你等待，卻又不告訴你到底要等什麼或為什麼要等，這經驗實在教人感到挫折。他忍受被一個身分不明的工作人員推進不知名的廊道，穿過兩扇令人害怕的大門，進入刺眼喧鬧的急診室的無盡焦慮。

我們全都有過這類第一次身為當事人的經驗：買第一輛車的時候，踏出從沒去過的城市機場的那一刻、為上了年紀的雙親評估生活輔助設施的時候。碰到這些情況，我們會以高八度的敏感看待每樣東西，因為沒有一樣是我們熟悉的，沒有一樣可以套入日常生活的慣例。辛沙里安把攝影機偷偷藏在病人服裡，以任何醫生、護士甚至救護車司機不可能做到的方式，捕捉到病人的經歷。

辛沙里安完成祕密任務返回小組，成員們仔細檢查未經編輯的錄影帶，找到許多可以改善病患經驗的機會。但是他們有一項更重大的發現。當他們坐在那裡，看著隔音天花板、模樣酷似的走廊和毫無特色的等候區，時間一分又一分地從眼前閃過，他們越來越肯定想要訴說的新故事關鍵，並不是工作人員的效率或醫療設施的品質，而是這些細節。這支單調無聊、支離破碎的錄影帶，把設計小組整個推進辛沙里安（也就是所有病人）晦暗隔絕的就醫經驗。每個人都感受到置身在這樣一個單調一致、讓人感覺迷失和無法控制的環境中，那種既無聊又焦慮的心情。

專案小組了解到，有兩種相互競爭的敘述正在上演：院方是從保險審查、醫療優先順序和床位分配的角度看待這趟「病人耐性之旅」；病人則是認為，這種壓力折磨只會讓病情加重。從這部片子所呈現的觀察內容，專案小組做出結論，認為醫院除了考量法令和醫療、行政工作之外，也應該具備人性面的同理心，在兩者之間取得平衡。這項洞見成為IDEO設計者和德波醫院團隊「共同設計」的專案計畫的基礎，我們在這個基礎上，開發出數百個可以改善病患經驗的機會。

辛沙里安的急診室之行揭露出病患經驗的層層圖像。最明顯的一層是，我們得知他處在怎樣的物質環境當中：我們看到他看到的，摸到他摸到的；我們觀察到急診室是個喧鬧擁擠的地方，幾乎沒有任何指示告訴病患該怎麼做；我們感受到空間緊迫，廊道狹窄，並注意到有哪些結構性和臨時性的互動在其中上演。我們推論，急診室的設施或許沒什麼不合理的地方，但主要是根據專業工作人員的需求而不是病患的舒適做設計。隨著看似無關緊要的物質細節不斷累積，洞見也一個帶著一個相繼浮現。

第二層理解比較偏向認知部分。透過第一手的病患之旅經驗，專案小組得到許多重要的線索，協助我們把洞見轉化成機會。病患該如何摸清情況？初來乍到的新病患如何探索這裡的實體與社會空間？容易讓病患搞糊塗的東西是什麼？這些問題都是界定潛在需求的基本要素，所謂潛在需求，就是人們感受強烈但無法清楚陳述的需求。如果能設身處地、對在急診室櫃檯焦慮等待掛號的病患（或在萬豪酒店櫃檯疲憊辦理住宿手續的旅客，或在美國鐵路客運公司票口買不到票的乘客）感同身受，我們就能想出更好的辦法來改善這些經驗。有時我們會利用這些洞見來凸顯新的做法。有時則剛好相反，可用來佐證一般常用的做法。

一九七〇年，當摩特（Tim Mott）和泰斯勒（Larry Tesler）在全錄帕羅奧圖研究中心設計最早的圖形使用者介面時，就是因為認知到一般人的常用做法，而建議採用桌面的隱喻。這個概念把電腦從一種令人害怕、只屬於科學家的新科技，轉變成可以應用在辦公室甚至書桌上的工具。三十年後，當線上信用卡公司姜尼伯金融（Juniper Financial）要求ＩＤＥＯ幫助它思考，銀行究竟還需不需要實體建築、金庫和出納員時，這項認知依然發揮了明顯功效。

為了進入線上銀行這個未知領域，一開始，我們打算先弄清楚人們究竟是如何思考他們的金錢。這擺明是一項挑戰極限的任務，因為我們無法從某人利用ATM存提款的行為過程，看出他對金錢思考的認知過程。於是專案小組採用了這樣的做法：請求被挑選出來的參與者「把他們的錢draw出來」，這裡的draw不是「抽」的意思，不是抽出皮夾裡的信用卡或錢包裡的支票簿，而是「畫」的意思，畫出金錢在他們人生中所扮演的角色④。一名參與者（我們稱她「開創者」〔The Pathfinder〕）畫了幾棟大富翁形狀的小房子，代表她的家庭、她的退休計畫和出租地產，因為她特別看重長期安全。另一名參與者（我們稱她「旁觀者」〔The Onlooker〕）畫了一堆錢和一堆東西，分別擺在圖的兩邊。她一臉坦白地告訴小組成員：「我賺錢，我買東西。」「旁觀者」只關心眼前的經濟情況，對未來幾乎毫無計畫。由研究員、策略專家和設計師共同組成的專案小組，就是從上述認知實驗開始，發展出一套微妙精細的市場分析，幫助姜尼伯修正它的目標市場，雖然姜尼伯金融公司已經被巴克萊銀行（Barclays）買下，且整併進銀行信用卡業務裡，但姜尼伯仍是最早在線上銀行領域的新大陸中建立有效服務的公司之一。

當我們開始處理和人們情感有關的想法時，繼功能和認知之後的第三層理解，便開始發揮作用。情感理解變成這裡的重點。目標族群感受到什麼？什麼可以打動他們？什麼可以刺激他們？政黨和廣告商長久以來一直很會利用人們的情感弱點，但「情感理解」不同，它是要幫助公司把顧客變成盟友而不是敵人。

Palm Pilot掌上電腦是一項聰明無比的發明，不但廣獲好評，而且實至名歸。它的發明者霍金斯（Jeff Hawkins），最初是受到洞見的啟發，認為小型攜帶工具不該是全功能的筆記型電腦，應該是簡單的記事本，就像我們許多人會從襯衫口袋和皮包裡每天拿進拿出幾百次的那種記事本。霍金斯在一九九〇年代中期開始著手研發，他決定一反傳統，創造一種低於科技可能性的產品。他的軟體工程師大可把電子試算表、彩色圖形和遙控器，這些和Palm無關的功能放進去。但更棒的做法是，把少數幾件事做到好，只要這些是正確的事：聯絡簿、行事曆和待辦事項。

第一代的Palm PDA在最初採用它們的科技圈子裡造成風潮，但灰撲撲的塑膠矮胖造型無法點燃一般大眾的想像力。為了找到這種難以捉摸的特質，霍金斯和IDEO的波伊爾（Dennis Boyle）攜手合作，重新設計一款不只具備功能訴求，同時也富有情感吸引力的產品。新款產品保留了大部分介面，但重新想像機體部分，

譯註④：draw在英文裡同時有「抽出」和「畫出」的意思，作者在這使用了一個雙關語。

也就是設計師口中的「造型因素」。首先，它必須薄到可以輕輕滑入口袋或皮包。其次，它必須給人時髦、高雅、精緻的感覺。專案小組找到一種日本相機製造商使用的鋁壓技術，還發現一種充電電源，就算是以電池供電也能讓工作時間延長兩倍。這次進階發展非常成功。Palm V在一九九九年上市，銷售量就飆破六百萬台。它不是靠低價政策、附加功能或創新科技打開手持PDA市場。簡練精準的Palm V確實做到它承諾的每一件事，而它的雅緻外型和專業感，也在情感層次上吸引了一群全新的消費者。

超越個體

如果我們只把個別消費者當成一個個心理學「單子」（monad），彼此相異，沒有擴延，那麼大概可以就此打住；但我們已經知道要觀察消費者的習慣，從他們的行為得到洞見；也知道應該發揮同理心，不能只是用統計學家的冷漠態度觀察。然而即便是對個人發揮同理心，結果證明，這還是不夠的。設計師在某種程度上都一樣，他們的主流觀念還是認為，「市場」就是眾多個體的總合。他們很少進一步去研究團體和團體之間如何互動。設計思考家則已經加碼，開始把「整體大於部分的總和」視為前提。

隨著網際網路的成長，這點變得尤其明顯，我們必須去了解團體內部的成員互動，以及團體與團體之間的互動。幾乎所有以網站為基礎的服務，從社交網站到行動上網到廣大的線上遊戲世界，都必須了解大型團體內部和團體間的動態互動。個人想要得到的是什麼？「聰明行動族」（smart mob）和「虛擬經濟」之類的群體效應，正在塑造什麼現象？當人們從虛擬世界回到由原子、蛋白質和磚塊構成的乏味世界時，網路社群的會員身分又會如何影響個人的行為？在今天這個世界，如果不去了解群體效應，根本無法創造出任何東西。連一把椅子都不可能。

當家具製造商巨人Steelcase和顧客一起坐下來，協助他們規劃正確的工作環境時，設計師會利用網絡分析顧客組織中的人際互動關係，以及應該把哪些部分、功能甚至人員擺在一起。得先完成這項分析，才能開始思考桌子、儲藏櫃和人體工學椅。我們也採用類似的做法，設計一套系統幫助辦公室內部和辦公室之間進行知識分享。單是要公司同仁陳述他們花了多少時間和誰定期做溝通，就很可能會受到資訊誤導。就算大家都沒惡意，但人的記性難免有錯，而且他們的答案往往是反映他們認為的事實。影像民族誌（用攝影機記錄人們不同時間的行為）和電腦互動分析這類工具，可以收集到更正確的數據，看出人際和群體之間的動態互動。

第二組顧慮是和普遍存在的文化差異有關，這些顧慮逼迫我們重新去思考，該如何和客戶進行連結——面對當前這個媒體飽和、全球連結的社會，文化差異的主題已經從和「政治正確」有關的差勁玩笑，躍升為我們的關懷重點。如果辛沙里安的急診室第一手觀察，是發生在撒哈拉沙漠以南的非洲而不是美國郊區，顯然會得出截然不同的洞見。

文化差異的事實，等於是在設計師的理想形象上畫了另一道刮痕，因為根據理想形象，這項專業可以在學校裡學習、在實務過程中磨練，然後輸出到全世界，給任何一個需要更好的檯燈或數位相機的人。不過花時間去理解某個文化，倒是可以打開新的變革機會。這或許可以幫助我們找出舉世通用的解決方案，這些方案和我們自身的文化無關，但永遠是源自於某種同理心。

從洞見到觀察到同理心，最後，我們終於來到最耐人尋味的問題：如果文化真是如此分歧，如果二十世紀的「失控暴民」形象真的被二十一世紀發現的「群眾智慧」給取代，那麼我們該怎麼做才能在集體的聰明才智上鑿個洞，釋放出設計思考的所有力量？我們不該把設計者想像成大無畏的人類學家，冒險進入異文化世界，用極度客觀的態度去觀察當地居民。我們要做的是，發明一種嶄新激進的合作形式，讓創意者和消費者之間的界線變模糊。不是「我們對抗他們」，甚至也不是

「我們代表他們」。對設計者而言，這種新方式必須是「我們偕同他們」。

過去，消費者總是被視為分析的對象，甚至淪為市場爭奪策略的不幸目標。現在，我們必須邁向更進一步的合作，不只是設計團隊的成員應該協同作業，設計團隊還得和它試圖接觸的對象攜手前進。瑞格德（Howard Rheingold）的「聰明行動族」研究和豪威（Jeff Howe）的「群眾外包」（crowdsourcing，比較正式的說法是「分散式參與設計」）在在顯示出，新科技正在提供各種希望無限的做法來製造這項連結。

我們該如何思考消費者在設計發展過程中的角色，關於這點，我們正在經歷重大的變革。早年，公司可能會設想新產品，然後徵召行銷專家和廣告大軍把產品賣給民眾——通常是利用他們的恐懼和虛榮。慢慢的，開始有一種比較細膩的手法出現，公司開始接觸民眾，觀察他們的生活和經驗，然後從這些洞見中尋找想法與靈感。如今，我們走得更遠，甚至採用「民族誌」模型進行發想，並以新概念和新科技加以支撐。

我的同事蘇瑞已經開始探索設計演化的下一個階段，認為設計將從設計師為民眾創造，走向設計師和民眾一起創造，終點則是由民眾利用「使用者自行生產的內容」和「開放原始產品創新」自行創造。這種「**人人都是設計師**」的想法令人嚮往，但消費者究竟有沒有能力自己生產出突破性的想法——相對於以更有效、更廉價的方式複製既有想法——目前還未獲證明。發明火狐網頁瀏覽器（Firefox Web browser）的Mizalla公司，是目前少數幾個有能力利用開放原始碼做法打造重要品牌的公司之一。

這些限制並不表示使用者自行生產的內容沒有意思，或無法變成攪翻創新大鍋的「下一件大事」。有人指出，在音樂界，目前使用者自行生產內容的投入度與參與度，已遠遠超過大眾媒體由上而下的統治時代。事實或許如此，但即便是「開放原始產品設計」最狂熱的擁護者，也不得不承認，他們的莫札特、藍儂或戴維斯（Miles Davis）至今尚未誕生。連個影子都還沒看到呢！

於是我們看到，一邊是由公司創造新產品、消費者只能被動消費這些產品的二十世紀舊想法，另一邊是消費者將自行設計所有必需品的未來願景，而目前，最偉大的機會就介於這兩者之間。在這中間地帶等著我們的，是創作者與消費者之間更高層級的協同合作，是公司與個人之間逐漸泯除的疆界。如今，個人不再接受「消費者」、「顧客」或「使用者」這類刻板印象，而把自己視為創造過程的積極參與者；同理，組織也必須盡快適應財產權與公眾之間逐漸模糊的疆界，把自己和民眾視為一體，因為組織的成功正是來自民眾的快樂、舒適和幸福。

想要提升創造者與消費者協同合作層次的創新策略，處處可見。在一項由歐盟提議資助、尋找可強化社會紋理的數位科技計畫中，倫敦皇家藝術學院的鄧恩（Tony Dunne）和蓋弗（Bill Gaver）發展出一套「文化探測」法，利用日誌和便宜的攝影機，讓村裡的老人記錄他們的日常生活。在比較迎合年輕文化的電玩遊戲和運動服飾等產業，也經常可以看到開發人員和年輕科技迷一起合作，從概念發想開始一直進行到測試完成。紐約的非營利組織「血汗股權事業」（Sweat Equity Enterprises，血汗股權指的是對某項專案投入時間心血所獲得的股權，相對於「金融股權」或金錢）和形形色色的公司合作，包括耐吉、日產、電子產品零售商Radio Shack等，一起與內城的高中生共同研發新產品。出資公司一方面「從街頭」（比豪華套房稍微更可靠的創意來源）捕捉最尖端的洞見，一方面也對沒得到政府足夠關心的都會年輕人，進行長期的教育和機會投資。

IDEO也發展出各種技巧，讓「消費者—設計者」在概念發想、評估和發展的過程中都能持續參與，「失焦團體」（unfocus group）就是其中之一，我們用研討會的形式讓一群消費者和專家聚在一起，針對某一特定主題廣泛探討各種新想法。傳統的焦點團體是把隨機取樣的「一般」人聚集在一起，以實質或象徵性的方式讓他們在單向玻璃後面接受觀察，失焦團體則是選定特色獨具的個人，邀請他們參與互動、協作的設計活動。

在某個令人難忘的場合上，當時正在為女鞋尋找新想法的我們，邀請了一名色彩顧問、一名帶領新人赤腳走過火炭的屬靈導師、一名對超長大腿靴著迷到令人稱奇的年輕母親，和一名女性小巴駕駛，她那身制服的焦點就是一雙性感到爆的細跟高跟鞋。想也知道，這群人肯定會七嘴八舌、熱情談論鞋子和腳、身體狀況的各種連結。等我們把她們放回舊金山的半上流社會圈時，她們已經發想出一套令人興奮的組合概念。雖然，最後我們沒有採用在鞋跟裡設計藏物小抽屜，以及設計凸起花紋按摩腳底重要穴道等想法，但這些洞見確實刺激我們去思考，什麼才是人們真正想從鞋子得到的訊息。

一九四〇年秋天，工業設計師羅威（Raymond Loewy）在他的辦公室和希爾（George Washington Hill）碰面，希爾是美國菸草公司總裁，也是美國商業史上一位頗有趣味性格的人物。希爾表示，如果羅威可以改善Lucky Strike香菸的包裝，他願支付五萬美元的高價——他打賭羅威一定會欣然接受。希爾離開前，回頭問了羅威，何時可以設計好。「喔，我不知道，也許某個美好的春日早晨，我會感覺到，這是設計Lucky包裝的好時機，然後隔幾個小時你就可以拿到。我會打電話給你。」

今天，我們不再需要耐心枯坐，等待某個石破天驚的想法突然閃現。靈感永遠和機運有關，但就像微生物專家巴斯德（Louis Pasteur）在一八五四年一場著名講座中觀察到的，**「機會只保留給那些做好準備的人」**。觀察技術、同理心原則，以及努力超越個體，這些主題和變異都可以視為設計思考家尋找洞見的準備方法：從看似平凡和異乎尋常的現象中尋找，從日常生活的儀式和打破例行公事的意外插曲中尋找，從一般常人和極端分子中尋找。目前，我們還無法將洞見編碼、量化或甚至做出定義，一點辦法都沒有，這讓尋找洞見變成設計過程中最困難、但也最刺激的一部分。沒有任何演算法則可以告訴我們，洞見會從哪裡冒出來，又會在何時猛敲我們一下。

Chapter 3

在腦中下棋，或「這些傢伙根本沒流程！」

對設計師而言，若想要讓設計思考擴散到整個組織，方法之一就是讓客戶體會一下這種經驗。這麼做的目的，可不是要讓他們躲在巫師簾幕後面享受偷窺的樂趣，而是因為我們發現，每當客戶捲起袖子積極參與，效果總是特別好。但我得事先提出警告：情況也可能很糟！想像一下，一位熱情戲迷被邀請到後台，目睹哪怕是最完美演出背後的一團混亂：最後一分鐘還在縫補戲服，到處堆滿雜物，哈姆雷特站在舞台門外抽菸，奧菲利雅抓著手機喋喋不休……或者，就像我們聽說的，有位客戶發狂似地打電話回辦公室抱怨：「這些傢伙根本沒流程！」

過沒幾個禮拜，這位客戶已經變成設計思考的信徒，在她那家冷漠、可敬，素以結構、紀律和流程聞名的公司，大肆宣傳設計思考的好處。但是，就像所有的頓悟一樣，難題才剛開始。見證設計的力量甚至親身參與設計是一回事，但要把它吸收變成個人思考的一部分，進而以無比耐心將它打造成組織結構的一環，則是另一回事。即便是我們這些在設計學校待了這麼多年的人，依然發現，要擺脫長期遵守的行動管理流程是件困難的事。而那些來自井井有條環境中的人，則會擔心這樣做的風險太高，幾乎沒有犯錯的空間。

該怎麼引導初次前來的訪客，讓他們熟悉這塊全新的陌生領域呢？有什麼最好的做法嗎？雖然沒有任何東西可以代替實際操作，但我可以分享我的親身體驗，或許無法提供一張完整的地圖，但至少可以透露幾個地標，讓初學者在設計思考的領域裡順利航行。

我在第一章曾經提出一項觀念，**設計團隊在一個專案計畫的過程中，必須穿越三個彼此重疊的空間**：一是**發想**空間，要從所有可能的地方收集洞見；二是**構思**空間，在這裡將洞見轉化成構想；三是**執行**空間，將最好的構想發展成明確、完整的行動規劃。我再重複一次，這三者是「彼此重疊的空間」而不是環環相扣的連續階段。洞見很少會準時出現，而機會只要一現身，不管那個時間點有多不方便，我們都得立刻抓住。

每個設計過程都會經歷「眾裡尋他、驀然乍見」的朦朧時期，以及抓到「大創意」（Big Idea）並全神貫注於細節上的延長時期。這些階段各不相同，對團隊士氣而言尤其重要的是，要認清每個階段的感覺不同，需要的策略自然也不同。

有位經驗老道的設計師甚至還發明了「**專案心情圖表**」，十分準確地預測出專案團隊在不同的階段會有怎樣的感受：

當剛組成的團隊帶著冒險精神實地觀察收集資訊時，整個團隊都洋溢著樂觀主義的氣息。接下來就是整理數據、找出模式的階段與過程，可能會讓人感到沮喪洩氣，因為所有重要的決定似乎都像是建立在最不真實的直覺之上。但從那之後，

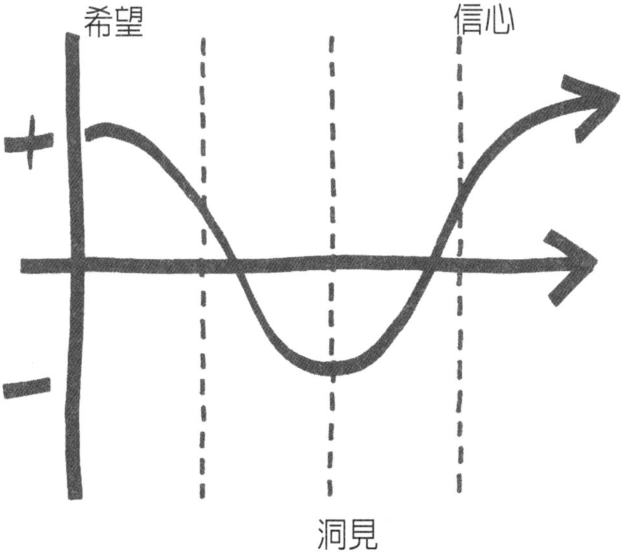

情況開始有起色。構思過程變得更加具體，新概念逐漸成形。當團隊開始製作原型，情緒也上揚到最高峰。就算原型看起來沒那麼好、運作得不是那麼流暢，或是特色太多太少都沒關係，至少它們是看得到、摸得著的具體進展。最後，等到正確的想法獲得一致共識，專案團隊就會定下心來，進入審慎務實的樂觀主義，但不時會被一些極度痛苦的時刻打斷。讓人提心吊膽的小地方從不會徹底消失，但有經驗的設計思考家知道什麼是他該預期的，什麼又是偶爾的情緒低潮毀滅不了的。設計思考很少是從一個巔峰優雅地跳躍到另一個巔峰；它會考驗我們的情緒敏感程度，挑戰我們的協同合作技巧，但它也會用耀眼的成果回報我們的堅持不懈。

聚斂性思考和擴散性思考

體驗設計思考，就像是在四種心智狀態之間跳一場舞。每一種都有各自的基調和動作，然而當音樂突然響起，我們很難認清自己正處於哪個階段，到底要踏出哪隻腳才是對的。在展開一件新的設計專案時，最好的指引或許就是選擇合適的舞伴、把舞池清乾淨，以及信賴我們的直覺。

建立在邏輯與演繹基礎上的思考方式，特別強調要把我們的文化紋理編織進去：心理學家尼茲彼（Richard Nisbett）一直在研究東西方文化解決問題的各種方式，多年鑽研的結果他指出，這世界確實有所謂的「思維的疆域」（geography of thought）存在。無論要處理的問題是屬於物理學、經濟學或歷史學的領域，西方人都被教導要採取一連串的輸入，分析輸入的資料，然後聚斂出單一答案。我們可能會發現，有時必須採用最好的（相對於正確的）答案，有時則是得在幾個差不多的答案中進行挑選。只要想想上一次你和其他五個朋友是如何決定要去哪裡吃晚餐。

團體思考傾向於聚斂出單一結果。

當你得在好幾個現有選項中作決定時，聚斂性思考（covergent thinking）是一種實際有效的做法。然而，當你要探索未來和創造新的可能性時，聚斂性思考就不是那麼適用。想想漏斗，喇叭形的開口代表各式各樣的最初可能，細小的注入口則是代表仔細聚斂過的解決方案。這顯然是把試管填滿或是逼出一套精細方案的最有效方式。

如果說解決問題的聚斂階段是要逼我們找出解決方案，那麼擴散性思考（divergent thinking）的目標，則是為了豐富我們的選項。對於消費者行為、新產品的替代方案，或創造互動經驗的種種選擇，可能會有不同的洞見。讓相互競爭的想法彼此測試，往往能得出更大膽、更具創造性破壞和更有說服力的結果。知名科學家鮑林（Linus Pauling）說得好：「想要找到好點子，首先你得有一大堆點子。」他就是這樣得到兩次諾貝爾獎。

但我們也必須實際一點。選擇越多表示複雜性越高，那可能會讓日子變得很難過，尤其是對那些負責控制預算和監督進度的人。大多數公司都傾向縮減問題、限制選項，支持最明顯的增值性做法。這種趨勢短期或許有效，但長此以往容易讓組織變得保守、僵化，對外界改變賽局的想法毫無招架能力。擴散性思考是通往創新

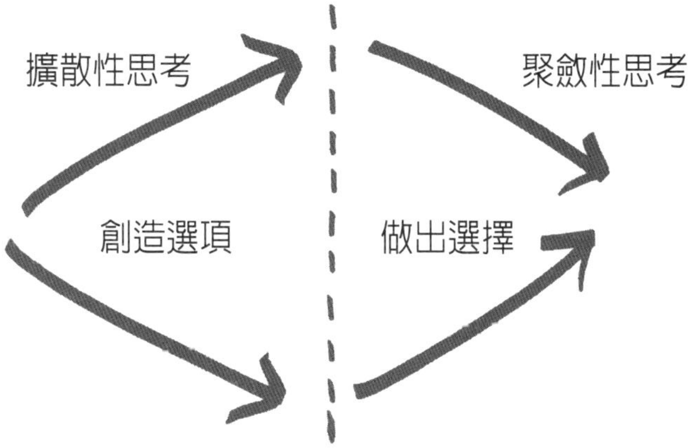

的途徑而不是阻礙。

不過，重點並不是我們都得變成執行擴散性思考、凡事都往好處想的右腦藝術家，設計教育之所以要藝術與工程並重，是有道理的。設計思考家的流程看起來比較像是在擴散性與聚斂性節拍之間來來回回，每一次的迭宕都比上一次縮小一點、細密一些。當旋律來到擴散性節拍，新選項浮現。盪至聚斂性節拍，則剛好相反：此時要淘汰選項，做出選擇。要讓一度大有可為的想法就此出局，是一件痛苦的事，而這往往就是考驗專案領袖是否具有外交手腕的地方。當大文豪福克納（William Faulkner）被問到寫作最困難的部分是什麼時，他回答：「殺掉你親愛的小寶貝。」

分析與綜合

設計師特別愛抱怨所謂的「功能蔓延」（feature creep），也就是在簡單明瞭的產品上繁殖一堆不必要的功能，好提高價格和複雜度（一九五八年RCA最早的電視遙控器只有一個按鍵；我手上這支有四十四個！）。至於設計思考家，他們需要防範的，或許可稱之為「類型蔓延」（category creep）。但無論如何，我都得把「分析」（analysis）與「綜合」（synthesis）這兩個增訂名詞納入討論，它們是擴散性和聚斂性思考的天然補體蛋白質。

少了分析性思考，我們就無法經營大企業或管理家用預算。設計師也一樣，無論他們正在研究體育館的招牌或致癌PVC的替代材質，都得先使用分析工具將複雜的問題一一拆解，仔細觀察。然而創意過程卻得仰賴綜合能力，也就是把碎片組合起來，創造出完整概念的行動。一旦資料收集完成，就必須進行篩選，找出有意義的模式。分析與綜合同等重要，各自在創造選項與做出選擇的過程中，扮演不可或缺的角色。

設計師做研究的方式很多：收集實地調查的民族誌數據、訪談，以及檢閱專利、製造過程、製造商、分包商。你會看到他們在記筆記、拍照、攝影、錄音、搭飛機。但願他們是在觀察競爭與挑戰。收集事實和數據可以累積出驚人的資訊。但接下來呢？專案小組必須在某個點上冷靜下來，進入密集的綜合時期——也許幾小時，幾個禮拜，或更久——開始組織、詮釋，將這些來源眾多的數據編排成頭尾連貫的故事。

綜合就是從大量原始資料中萃取出有意義的模式，這是最基本的創造行動；數據就只是數據，事實永遠不會為自己發言。有時，這些數據是高度技術性的，例如你研究的是醫療設備的某個精密零件；有時也可能是純粹行為性的，例如你的問題是鼓勵民眾改用省電燈泡。不管是哪種情況，我們都可以把設計師想像成說故事大師，他的技巧好不好，就要看他的敘述是否引人入勝、前後一致、教人信服。今天，我們經常可以在設計團隊中看到寫手與記者、機器工程師與文化人類學家並肩合作，這絕對不是意外。

一旦把「原始素材」綜合成前後連貫、激勵人心的敘述，更高階的綜合隨即登場。專案設計綱要經常會包含看似衝突的目標：物美價廉就是最明顯的例子，或是明明得加速時程卻又對未經證明的科技深感興趣。碰到這類情況，人們常常會採取簡化程序的做法，把流程縮減成一套說明書或一張功能列表。這麼做必然會為貪圖方便而危及產品的完善程度。

設計思考的種子，就是一方面不斷在擴散性和聚斂性過程中移動，一方面持續在分析與綜合間來回。但故事可沒就此結束。就像每個園丁都知道的，再強韌的種子，如果丟到滿布岩石的不毛之地，還是會枯死。園丁必須整地；團隊、個人和公司則必須提高注意力。我們可以把這想像成，從設計的組織走向組織的設計。

實驗態度

擅長於在擴散性和聚斂性思考間伸展，在細節分析和綜合判斷間迴旋的設計思考家，首推伊姆斯夫婦（Charles and Ray Eames），他倆是美國有史以來最具創造力的設計夥伴。伊姆斯夫婦和他們的同伴，在位於加州威尼斯華盛頓大道九〇一號的傳奇辦公室裡，進行了一系列的設計實驗長達四十幾年，而且涵蓋了所有可以想像的媒材：已經變成美國現代主義同義詞的預鑄膠合板椅；聳立在太平洋斷崖上的著名建築Case Study House No. 8；他們策劃的博物館展覽以及他們製作的教育影片。不過，在這些完成的專案中，不一定能看到他們在背後做了哪些方法上的實驗。教訓是？我們必須給創意團隊犯錯的時間、空間和預算。

掌握設計思考心理基盤的個人、團隊和組織，都具有同樣的實驗態度。他們接受新的可能性，隨時留意新方向，永遠樂於提出新的解決方案。讓我們把時間拉回一九六〇年代，矽谷剛成立那幾年，豪斯（Chuck House）這位野心勃勃的惠普年輕工程師，差點就丟了工作。凡事跟著直覺走的豪斯，違反公司的明確指定，成立一個低調的研發部門，偷偷發展大螢幕顯像管。這項非法計畫最後變成第一個贏得商業成功的電腦繪圖顯示器，曾應用在轉播阿姆斯壯月球漫步的太空影像傳輸、監測德貝基醫生（Dr. Michael DeBakey）的第一次人工心臟移植手術，以及其他無數用途之上。豪斯最後變成惠普集團的工程部主任，辦公室就在當初下令停止研發的老闆普卡德（David Packard）隔壁，牆上還掛了一面「抗命勳章」。情況不一樣了。豪斯目前在史丹福大學經營Media X，一個產業和學院的協同機構，將互動科技研究員與致力於科技提升創新的公司結合在一起。如今，諸如Google和3M之類的公司，都以鼓勵科學家和工程師將二十%的時間投入個人實驗而聞名。

對組織文化而言，容忍冒險的重要性一點也不下於它的商業策略。也許有人會說，開放式研究的氣氛容易造成資源浪費：毛澤東在大躍進期間所採行的「百花齊放」政策，最後完全是災難一場。但相對於革命中國嚴密封鎖的環境，現今的全球化經濟正在經歷一場名副其實的「大躍進」。在一個鼓勵實驗的組織中，肯定會有些專案注定無疾而終，也一定還有其他專案是組織不願談起的（還記得蘋果公司的牛頓電腦（Apple Newton）嗎？）。但是把這類進取精神視為「浪費」、「無效率」或「多餘」，可能意味著這個文化看重效率甚於創新，或是這家公司正陷入增值主義的惡性循環。

近年來，設計者開始追隨「生物模擬」（biomimicry）這門新興科學。這門學問的概念是，大自然以及它長達四十五億年的學習曲線，一定可以教導我們一些有關無毒黏劑、極限結構、保溫技術或空氣動力流線型的知識。這些多采多姿、眼花撩亂的運作，在一個健康的生態環境中並不代表什麼，只不過是持久不懈的實驗罷了——試試新東西，看看哪個有效。我們需要的，或許不是在分子的層次上模擬自然，而是在公司和組織的系統層次上進行仿效。過度熱中實驗可能會有危險——公司不像生物系統有那麼長的壽命，而他們的領袖如果不採行所謂的「智慧設計」（intelligent design），很可能就會面臨被淘汰的命運。我們需要的，是以明智的方式交互運用由下而上的實驗和由上而下的領導。

這種做法的規則，說起來就跟實際去做一樣簡單：

1. 最好的構想會在整個組織生態（不只是設計師和工程師，當然也不只是管理階層）具有實驗空間的時候出現。

2. 最能夠接觸到外界變化（新科技、不斷變動的顧客群、戰略威脅或機會）的人，也是最能做出反應和最有動機這麼做的人。
3. 構想不該因人而貴。（大聲複誦）
4. 能夠引發雜音的構想特別值得重視。構想必須先得到響應（無論多小），組織才應給予支持。
5. 資深領導人的「栽培」技巧，應該用於照料構想、修剪構想、收穫構想。企管碩士們稱為「風險承受度」，我把它叫作由上而下的控制。
6. 要清楚陳述中心目標，好讓組織具有方向感，也讓創新者不覺得有時時監督的必要。

這些規則幾乎適用於所有創新領域。如果全部都能做到，保證能讓個人創意的種子生根發芽——就算是丟在雜貨店的走道上也沒問題。

全食超市（Whole Foods Market）的執行長麥基（John Mackey），從該公司於一九八〇創立開始，便在企業裡應用這種由下而上的實驗構想。如今，身為全美最大的天然有機食物零售商，全食超市把每家分店的員工組織成小團隊，鼓勵他們實驗更好的方法來服務顧客。這些實驗可能包括不同的物品陳列方式，或是挑選符合當地顧客需求的產品。每家分店都有自己獨特的區域認同，甚至是鄰里認同。公司鼓勵經理們分享最好的想法，將這些想法擴散到全公司，而不只局限在當地。這些聽起來似乎都不是什麼革命性做法，但麥基從公司成立那天——他是從德州奧斯汀的一間雜貨店起家，只有十九名員工——一直持續做到今天的是，確認每位員工都能了解和體會公司的宏觀願景，並能對這願景貢獻心力。這些構想就像是航行的燈塔，讓地方性的創新能夠傳遍整個組織。

照例，我們也能從這個故事裡得到一個教訓：別把由下而上的實驗結果虛耗成鬆散的概念和無解的計畫。有些公司會設立意見箱，希望藉此收取由下而上的組織創意。結果往往是以失敗收場，徒留滿腹疑問的管理階層搞不懂這些忘恩負義的員工，為什麼老愛把咖啡倒進牆上的意見箱，或用惡意留言灌爆網路上的意見版。即便是最好的情況，也只能得到一些不痛不癢的改善意見。更常見的情形是，它們根本不知跑哪去了，因為顯然沒有任何機制負責處理這些建言。企業高層必須嚴肅以對，做出保證和承諾，基層人員才會以好構想回報。任何實驗只要有成功的可能，都應該有機會以專案形式得到組織的支持，輔以適當的資源以及明確的目標。

有一種簡單的方法可以測試，不過我得承認，這必須花點時間去適應。當收到字斟句酌的備忘錄，請求我批准某項嘗試，我發現自己也會變得同樣謹慎。但假如我是在停車場被一群過度活躍的傢伙攔截，他們七嘴八舌、比手畫腳地告訴我，他們正在進行的案子簡直酷到不行，他們的熱情會傳染給我，讓我的天線全開，一路往上。這些專案有些會走偏，力氣白費了（不管這指的是什麼），錢也損失了（我們都知道這指的是什麼）。

但即便是碰到這種情況，也有一句古老諺語值得我們深思，套用我的同鄉詩人波普（Alexander Pope）的話（回到那個設計師依然用拉丁文思考的年代）：「犯錯是人之常情，寬恕是神的舉止。」

樂觀文化

跟實驗態度最相配的，顯然是樂觀的氣氛。有時，這世界的情況實在讓我們很難保持樂觀，但最主要的原因依然是：在充滿憤世嫉俗和悲觀情緒的組織裡，好奇心還沒茁壯成長。構想還來不及甦醒，就先遭扼殺；願意冒險的人已經被驅逐出境。正在嶄露頭角的領導人小心避開結果不明的專案，擔心那會搞砸他們的升遷機會。專案小組神經兮兮，疑神疑鬼，隨便有個風吹草動就開始猜測管理階層「究竟」想幹嘛。就算是領導人願意鼓勵破壞性創造和開放性實驗，如果沒有得到批准，根本沒有人願意踏出第一步——這通常意味著未戰先敗。

少了樂觀主義這種堅信事情無論如何都會變更好的信念，實驗的意願就會不斷受挫，直到枯死。建設性的鼓勵並不需假裝所有構想均平等。做出敏銳的判斷依然是領導人的責任，只要提案者感受到真誠的聆聽，就能激發他們的自信。

想要收割設計思考的力量，個人、團隊和整個組織都必須培養樂觀態度。要相信，創造新構想是他們能力所及（或至少是該團隊能力所及）的事，這能彌補未滿足的需求，帶來正面的影響。一九九七年夏天當賈伯斯重新回到當初開除他的蘋果電腦時，他發現這家民主化公司，已經將資源擴展到至少十五個產品平台。事實上，這些團隊必須相互廝殺才有辦法生存。於是賈伯斯祭出所有勇氣，把公司的銷售品從十五項砍成四項，分別是：給專家用的桌上型電腦和筆記型電腦，以及給一般民眾用的桌上型電腦和筆記型電腦。如此一來，每個員工都知道，自己手上負責的專案代表了公司總產值的四分之一，不可能因為一張會計審核資產負債表就被砍掉。於是乎，樂觀心態爆升，士氣出現大轉變，至於結果，就像俗話說的，大家都知道。樂觀心態需要自信，而自信是建立在信任之上。至於信任，就像我們知道的，是一種雙向的互動。

想要查明一家公司是否具有樂觀心態、實驗精神和擅於冒險，只要運用你的

「五感」就可以了。你會看到混亂失序、各式各樣的景象，而不是秩序井然；會聽到一陣陣的喧鬧爆笑，而不是嗡嗡不停的低聲細語。由於IDEO接了很多食品飲料業的案子，雇有食物科學家，外加一間工業用廚房，所以我的確經常可以聞到令人興奮的氣味。整體來說，就是要對四方匯集的節點保持敏感，因為那裡是新概念的起源地。我很愛溜到樓下，觀察小組成員用樂高製作原型，或看他們表演即興短劇來研究新的互動服務。而我最最喜歡的，就是他們准許我旁聽，並參與腦力激盪。

腦力激盪

商學院教授特愛寫一些有學問的文章來說明腦力激盪的價值。我鼓勵他們繼續加油（畢竟，我最好的一些朋友就是商學院教授，這可以讓他們保持忙碌，別來煩我）。某些調查指出，積極進取者在同樣的時間範圍內獨自工作，可以想出更多點子；其他研究則顯示，腦力激盪是創意的必備條件，一如運動有益身心健康。就像常見的情況，這兩種說法都沒錯。

懷疑論者當然不乏實例：一位立意良善的經理把一群互不相識、多疑又沒自信的員工聚集在一起，丟了一個棘手難題要他們腦力激盪，最後得出的想法往往比不上讓他們各自去思考這個問題。說來諷刺，腦力激盪是一種為了打破結構的結構性做法，它需要練習。

如同板球和足球（或美式足球），腦力激盪也有它的遊戲規則。這些規則劃定出球場，讓球員可以在裡面進行高水準演出。少了規則，就少了團隊可以協力合作的框架，腦力激盪研討會往往也就會淪為制式會議，或徒勞無功的放炮大會，說了一大堆但幾乎都沒人聽。每個組織都有不同版本的腦力激盪規則（就像每個家庭都有不同版本的拼字棋或大富翁）。在IDEO，我們有專用的腦力激盪研討室，規則用白底黑字寫在牆上：**不要急著下定論、鼓勵天馬行空的點子、集中焦點對準主題**。我認為其中最重要的是：「**以夥伴意見為基礎接力構想**。」因為這可以確保每位參與者都是最終結論構想的參與者，都有機會把它推動下去。

不久前，我們曾幫耐吉（Nike）設計一件兒童產品。雖然公司內部有許多技術高超的玩具設計師，但有時聘請專家來幫助我們突破，也滿有意義。於是，我們等到禮拜六早上的卡通節目播完，然後邀請一群八到十歲的專家來到帕羅奧圖工作室。我們先以柳橙汁和點心幫他們熱身，接著把男孩和女孩分開到兩個不同房間，給他們一些說明，然後讓他們討論差不多一個小時。等我們去了解結論時，發現這兩個小組的差別還真驚人。女孩組提出兩百多條想法，男孩組勉強湊起來才只有五十條。這年紀的男孩很難集中**注意力**也難專心**聆聽**，而這兩項正好是團隊協作不可或缺的要素。女孩剛好相反。所幸，我的工作不是去判定這項差異究竟是因為基因遺傳、文化規範或長幼排行，但我可以說，我們在這些腦力激盪中，真正見識到「**接力構想**」的威力。男孩們因為急於想發表自己的意見，幾乎沒注意到其他同伴的想法；女孩們則不用提示就自己進行了一場活潑熱鬧但彼此串連的對話，每個構想都和上一個有關，又變成下一個的跳板。她們相互引爆，讓構想越來越精采。

腦力激盪並不是催生想法的終極手段，也不是每個組織結構都適用。如果你的目的是收集百花齊放的構想，那麼腦力激盪確實有效。或許其他方式對做出選擇很有幫助，但說起創造選項，腦力激盪再適合不過。

視覺思考

設計專業人員花了多年時間學習如何畫圖，練習繪圖的目的，並不是為了把構想畫成插圖，這點現在有很多廉價軟體都能做到。設計者學習繪圖，是為了表達他們的構想。文字和數字很棒，但只有圖畫能夠同時呈現構想的功能特性和情感內容。要把構想準確描畫出來，就必須做出決定，不能像語言那樣閃躲；也必須陳述美學問題，而那是大多數漂亮的數學精算無法解決的。無論你手邊的工作是設計一把吹風機、為期一週的鄉村度假或年度報告，繪圖都會強迫你做決定。

視覺思考有很多形式，並不局限於客觀插圖。事實上，你甚至不一定要具備繪畫技巧。一九七二年十一月，兩名生物化學家在檀香山的一家夜間小館放鬆休息，他們剛結束一整天的漫長會議，拿了一張小紙巾，在上面畫了一些細菌做愛的塗鴉。幾年後，柯亨（Stanley Cohen）坐在飛往斯德哥爾摩的飛機上，準備去領取諾貝爾獎，伯耶（Herbert Boyer）則正把他的紅色法拉利駛進基因泰克（Genentech）公司的停車場。

每個小孩都愛塗鴉。然後，他們逐漸變成講究邏輯、以語言為導向的成人，逐漸忘了這項本能。創意解難專家，例如史丹福產品設計課程的創立者麥金（Bob McKim），或是英國的多產作家波諾（Edward de Bono），都對心智圖、二乘二矩陣和其他視覺架構投入許多心力，協助我們以各種方式來探索構想、描繪構想。

當我**用畫圖來表達某個想法時**，我得出的結果會和用文字表達的不一樣，而且通常速度更快。不管任何時候，只要是和同事討論想法，我手邊一定要有白板或素描本。如果不能把想法變成圖像，我就會卡住。達文西的素描本很有名（當他的哈默手稿〔Hammer Codex〕出現在一九九四年的拍賣會場時，競價搶奪的收藏家可不止蓋茲一人），但他不只是利用這些素描來解決自己的構想。他常常在街上停下腳步，捕捉某件他必須弄清楚的東西，例如：一團雜草、一隻在太陽下蜷睡的貓、在水溝裡打轉的漩渦。此外，鑽研達文西機械手稿的學者也已經打破人們的迷思，指出並不是他的每張手稿都是在描繪他自己的發明。達文西和許多成就斐然的設計思考家一樣，**是運用繪畫技巧來強化別人的構想**。

便利貼，創新時少不了它

今天，大多數人對便利貼的故事都已經耳熟能詳：一九六〇年代在3M工作的科學家席佛爾博士（Dr. Spencer Silver），不小心發明了一種具有奇怪特性的黏著劑。他的老闆當然搞不懂「天然黏性人造橡膠異體聚合物微粒」到底有什麼用途，只知道那是一種不黏的黏膠，黏膠不黏，當然沒什麼好獎勵的。一直要到他的同事佛萊開始用這種黏膠把書籤黏在讚美詩上，大家才發現這個黃色小東西似乎有點用途。如今，它的產值高達十億美元，是3M公司最有價值的資產之一。

便利貼是個活生生的教材，告訴我們如果組織缺乏突破現狀的勇氣，很可能會扼殺掉一個好點子。不過這種四處可見的小貼紙，已經證明它們本身就是一項重要的創新工具。貼滿專案室牆壁上的這些小東西，不知道幫助過多少設計思考家，先是幫他們捕捉到五花八門的洞見，接著又幫他們把洞見歸納成有意義的模式。便利貼用它粉彩色的榮耀具體指出，我們已經從激發靈感的擴散性階段，步入找出解決方案的聚斂性階段。

我在前文中提過的幾種設計思考家技巧：腦力激盪和視覺思考，都是和創造選項的擴散性過程有關。如果我們不往做出選擇的聚斂性階段邁進，那麼累積選項就只是一種習作而已。一個專案要從催生創意構想的活潑習作變成解決方案，這是個關鍵時刻。然而正是因為它很關鍵，所以就成了專案團隊所面臨的最困難工作。只要情況許可，每個設計團隊都會讓擴散性階段無限延長下去。永遠都會有更有趣的點子躲在附近角落，等到預算花光，它們就可以高興地從這個角落轉到另一個角落。在這時候，有一種最簡單的工具可以派上用場，告訴大家聚斂的時刻到了，那就是：便利貼。

一旦大家聚在一起召開專案檢閱會議，有一項流程勢必要進行，那就是挑選出最有力量、最有希望的構想。分鏡表（storyboard）可以提供協助——它類似連環漫畫，用一格一格的插圖把使用者在辦理旅館住宿登記、或在銀行開戶、或使用新買的電子產品時可能碰到的情況描繪出來。有時也可以用分鏡表來創造另一種劇本。但遲早我們都得做出共識，而共識很少是來自辯論或行政命令。我們需要某種工具淬取出團隊的直覺，這時，源源不絕的便利貼就是最佳利器。在ＩＤＥＯ，我們會用便利貼讓構想接受「蝴蝶測試」。

蝴蝶測試是摩格里吉（Bill Moggridge）發明的，他是一位傑出的設計思考家，也是矽谷設計界的開路先鋒。這項測試完全不具科學性，但是對於從大量數據中淬取出少數關鍵洞見，卻是效果驚人。試想一下，經過一長段深入研究、無數腦力激盪會議，以及無止境的原型製作之後，專案室的牆上貼滿了各種閃耀希望的構想。我們發給每位參與者一小疊便利貼「選票」，貼在他們認為應該繼續推展的構想上。小組成員在房間裡緊張地走來走去，不斷查看構想表上的情況，不需多久，就可清楚看出哪些構想吸引最多「蝴蝶」。當然，各種議題都會發揮作用，包括政治考量或個性因素，但這一切都是為了達成共識。有給有拿、有妥協有創造，最後的結論就是這樣做出來的。這過程和民主無關，而是和讓小組發揮最大的力量、聚斂出最好的解決方案有關。場面很亂沒錯，但效果驚人，而且可以依照不同的組織特性做調整。

這麼說不是要為３Ｍ打廣告。便利貼鼓勵我們捕捉快閃念頭、變換位置，或否決丟棄，非常適合用來對付每個設計專案都會不斷碰到的一個事實：截止期限。雖然我們永遠都會有截止期限的問題，但是在設計思考的擴散和探索階段，截止期限的角色尤其重要。它是和過程有關，而不是和人有關。截止期限是地平線上的一個點，所有事情都在那裡停住，開始進行最後的評估。這些點可能很武斷，很惹人討厭，但是經驗豐富的專案領導者知道該如何利用截止日期將選項化為決定。每天設定截止日期是不聰明的做法，至少在專案的早期階段是如此。但延長到六個月同樣是不明智的。你得判斷專案小組何時可以達到最有價值的時間點，讓管理資源投入、審慎思考、改變方向和做選擇。

我還沒碰過顧客說：「你要多少時間都可以。」所有的專案工作都有一堆限制：科技限制、技術限制、知識限制。但日期限制大概是其中最強硬的，因為它會把我們拉回底限。就像富蘭克林（美國第一位設計思考家，也是最具冒險精神的一位）在寫給年輕商人的信裡所說的：「時間就是金錢。」

我把設計思考最有效的一項工具保留到最後。不是電腦輔助設計，不是快速原型，也不是境外製造，而是我們隨時帶在兩耳之間，那個具有同理心的、直覺的、圖樣辨識的、並行處理的和類神經網路的大腦。人類用來輔助生活的機器已經越來越精密，眼下，人與機器的唯一差別，就在於我們有能力建構既具備相關功能又可引發情感共鳴的複雜概念。在演算法可以告訴我們如何把擴散性的可能轉變成聚斂性的現實，或是把分析性的細節轉變成綜合性的整體之前，這項能力都能保證精於此道的設計思考家在這世界上享有一席之地。

人們可能會基於種種理由，不敢冒險進入設計思考這個動盪混亂的世界。他們也許會認為，創意是知名設計師特有的天賦，我們比較適合在現代美術館裡用尊敬的眼光凝視他們的椅子或燈具；或者他們會假設，那是一項保留給受過訓練的專業人士的神聖本領，我們只能僱請「設計師」打理一切事務，從剪頭髮到裝潢房子。至於那些比較沒被設計師崇拜嚇到的人，則是會把掌握工具（包括腦力激盪、視覺思考和說故事這類質性工具）和提出設計解決方案的能力混為一談；還有些人可能會覺得，少了明確的框架或方法學，他們就無法推測接下來的發展。當團隊士氣下沉時，他們就是最可能閃逃的那種人，這類事件在專案過程中總是會發生。他們或許沒有理解到，設計思考既不是科學，也不是宗教；設計思考是一種綜合性的思考能力。

馬丁（Roger Martin）是備受讚譽的多倫多大學羅特曼管理學院的院長，這個職位讓他有機會觀察到全世界最優秀的管理領袖，他發現，他們當中很多人都有能力讓好幾個構想同時保持在緊張狀態，進而得出新的解決方案。馬丁根據十五次以上的深度訪談，出版了《相對思維》（*The Opposable Mind*）一書，他在書中指出：「利用相對思維來建構新解決方案的思考家，比一次只能考慮一種模式的思考家享有更多內在優勢。」綜合性思考家懂得如何拓寬議題的範圍來凸顯問題。他們討厭「二者選一」，偏愛「兩者兼具」，而且會把非線性的多向關係，視為靈感的泉源而不是矛盾。馬丁發現，最成功的領袖會「擁抱混亂」。他們允許複雜存在，至少在他們尋找解決方案的時候，因為複雜是創造機會最可靠的來源。換句話說，管理領袖的特性和我描述的設計思考家的特性相符。這不是巧合，這也不意味著，「相對思維」是那些簽中基因樂透者的獎賞。造就設計思考家的那些技巧，包括有能力在一團複雜混亂的資料中找出模式，可以從斷簡殘編裡綜合出新概念、可以對與我們不同的人感同身受，這些都是可以學習的。

也許有一天，神經生物學家可以把我們塞進核磁共振掃描機，看看當我們運用綜合性思考時，大腦的哪一部位會亮燈。不過，與其等待那天到來，還不如去設計新的策略，教導人們如何應用，這樣還比較簡單。至少在此刻，我們的任務不是去理解我們的腦部運作，而是找出方法，把這種思考方式調出來，放進這個世界，與其他人一起分享，進而將它轉化成具體的策略。

Chapter 4

打造思考力，或原型製作的力量

樂高點燃了我的設計思考家生涯。一九七〇年代初，我差不多九、十歲的時候，英國正在經歷另一場週期性衰退，煤礦工人等到冬天到來，開始罷工。這表示沒有煤炭可以發電，也就是沒有足夠的電力供應，也就是得定期停電。我決定要盡自己的一份力量，於是清點了所有樂高庫存，組裝成一支超大手電筒，還用了會在黑暗中發光的時髦閃磚。得意洋洋地把手電筒拿給母親，好讓她有足夠的電力為我煮晚餐。這是我製作的第一個原型。

在我十歲時，我就了解到，**製作原型的本事是建立在經年累月的密集研究之上**。小時候，我會花上好幾個小時，用樂高和麥卡諾組裝玩具（Meccano，美國的名稱是Erector Sets），創造出一個充滿火箭船、恐龍和機器人的世界，各種尺寸、各種形狀都有。和所有小孩一樣，我是**用手思考，用具體的道具作為想像的跳板**。這種具象、抽象之間的來回轉換，是我們探索宇宙、解放想像、開啟心靈、迎接新可能的最基本過程。

大多數的公司裡，全是些把這類幼稚消遣擺在一旁的人，他們追求的是寫報告或填表格之類更重要的事，如果你造訪的是一家採用設計思考的組織，你會被四處可見的原型嚇到，就跟小孩的房間沒兩樣。往專案室偷瞄一眼，你會看到牆面、桌面、地面上全被原型佔滿。走廊上擺了一個個原型，訴說著過去的專案故事。你會看到各種原型製造工具，從X-acto筆刀、護條，到價值五萬美元的雷射切割機。無論預算如何或設備怎樣，製作原型就是那個地方很司空見慣的事。

建築師萊特（Frank Lloyd Wright）說過，小時候在幼稚園玩福祿貝爾積木（一八三〇年代由福祿貝爾〔Friedrich Froebel〕研發完成，可以幫助孩童學習幾何原則）的經驗，點燃了他的創造熱情，「那些楓木製作的積木……直到今天依然在我的指尖上，」他在自傳中如此寫道。伊姆斯夫婦這對有史以來最優秀的原型製作團隊，利用製作原型來探索想法，精益求精，有時整個過程會持續好幾年，結果幾乎是把二十世紀的家具整個翻新一遍。有位好奇的崇拜者問伊姆斯夫婦，那張已成為設計經典的伊姆斯躺椅，是不是靈光一閃突然出現在他們腦袋裡，伊姆斯回答：「是啊，是那種閃了三十年的靈光。」

用手思考，製作原型

實驗是所有創意組織的命脈，製作原型則是最棒的實驗證據，因為那表示該組織願意迎向未來，動「手」嘗試。**我們或許會把原型定義成已經製造完成的產品模型**，其實這個過程應該往回推。**應該把那些看似粗糙、愚蠢的研究、規劃包含進**

去，**不只限於具體的物件**。此外，並不是只有工業設計師才該養成製作原型的習慣，財務執行者、零售商、醫院行政員、都市規劃員以及交通工程師，都可以、也應該參與設計思考的基本過程。凱利把原型製作稱為「用手思考」，相對於規格主導、規劃導向的抽象思考。這兩種思考方式各有價值、各有用處，不過前者對於創造新構想和推動前進，的確更有效。

雖然，把寶貴時間浪費在畫草圖、做模型和模擬功能，好像會延緩工作進度，但事實證明，**製作原型往往能更快得出結果**。這似乎和我們的直覺相反：建造構想肯定會比思考構想更花時間。真是這樣嗎？也許吧，不過只有那些天縱英才的少數人，才有本事一動腦就想到對的點子。大多數值得煩惱的問題都很複雜，要在彼此衝突的想法中找出正確的方向，做一系列初步實驗往往是最好的方法。越快讓構想具體成形，我們就能盡早評估、修正，找到最好的解決方案。

佳樂（Gyrus ACMI）是手術儀器界的龍頭，也是研發微創手術技術的領導者。IDEO在二〇〇一年開始和佳樂合作，研發一種可以進行精細鼻組織手術的新儀器。專案一開始，小組成員便和六位耳鼻喉外科醫生碰面，了解他們如何執行這項手術、目前的儀器有哪些問題，以及他們希望新系統能有什麼特色。其中一位醫生用模糊的話語和笨拙的手勢，描述他希望新儀器能附有槍把。醫生離開後，我們當中的一位設計師抓了一枝白板筆和一個三十五公釐的膠捲盒，把它們跟塑膠曬衣夾接在一起，然後把曬衣夾當成板機扣下去。這個初步原型讓討論立刻往前射出一大步，確認大家講的是同樣的東西，節省下無數的會議、視訊、採購時間和飛機票。這個原型的製作費和材料費是：零（我們可以回收麥克筆）。

製作原型不僅可以加速專案進度，還可以讓許多構想的研究工作同步進行。初期的原型應該快速、粗略、便宜。對某個構想投資越多，就越容易陷在裡面。投資太多時間金錢去修正原型，可能會出現兩個不受歡迎的結果：第一，可能會讓某個二流的構想太快落實，甚至成真；第二，製作原型的過程本身，就是要以最少的花費來創造機會，發現更新更好的構想。產品設計師可以利用便宜又好操作的材料：紙板、泡沫塑料、木頭，甚至是手邊可以拿到的任何東西——任何可以把構想黏出、纏出或釘出大致模樣的東西。IDEO的第一個偉大原型，是我們在帕羅奧圖大學街上的工作室裡製作完成的，那時公司還只有八名髒兮兮的設計師，窩在Roxy服裝店的樓上。戴頓（Douglas Dayton）和尤琴柯（Jim Yurchenco）把滾式體香劑上的滾珠拆下來，裝在塑膠奶油盒的底部。過沒多久，蘋果電腦就送出它的第一批滑鼠。

這樣就夠了

原型應該花費的時間、精力和預算，必須控制在可以得出實用回饋並把構想往前推進一步就夠了。原型越貴越複雜，看起來就越像「成品」，設計者能從中得到的建設性回饋就越少——甚至會對這類回饋視而不見。製作原型的目的不是為了創造工作用的模型，而是要給構想一個形狀，獲悉構想的長處和缺點，然後確定下一步的新方向，做出更細部、更精練的原型。初期階段的原型主要是為了了解構想是否具備功能價值。最後，設計師則必須把原型送出去接受測試，以便收集產品預設使用者的意見。到了這個階段，可能得稍微留意一下原型的外表和質地，免得潛在消費者對毛邊或還沒解決的細節留下不好印象。比方說，大多數人恐怕都無法具體想像，用紙板做成的洗衣機到底要怎麼使用。

目前已經有一些非常驚人的科技，可以讓設計師用更快的速度做出極度精準的原型，像是超精密雷射切割機、電腦輔助設計工具和3D列印機。有時它們還真是逼真過了頭，因為我們發現，有位Steelcase的經理誤把幾可亂真的塑膠泡沫模型當成真的椅子，一屁股坐下去，價值四萬美元的Vecta椅原型，就這樣應聲報銷。不過這世界的所有科技，只要是用來創造太過精緻、太過細膩、太過初期的原型，終將會成為泡影。「恰到好處的原型製作」指的是，擷取我們想要知道的東西，然後做出恰到好處的解決方案來凸顯它。經驗老到的原型製作者懂得何時該說：「這樣就夠了。」

為非實體產品製作原型

到目前為止，大多數想像得到的原型都是和實體產品有關——是那種絆倒你或砸到腳趾頭會痛的東西。不過同樣的原則也可以套用在服務、視覺經驗或甚至組織系統上。

凡是可以讓我們探究構想、評估它、推動它的有形物體，都是原型。我曾看過樂高一步步變成高度精密的胰島素注射器。我也看過用便利貼仿製的軟體介面，那時半行程式碼都還沒寫。我也看過鄰里銀行的新概念用諷刺劇的方式表現出來，作為背景的「櫃檯」是用強韌、輕薄又便宜的發泡塑料做成，然後用護條兜在一起。這些案例都以適當的媒材將構想呈現在觀眾眼前，以換取觀眾的回饋。

這套做法在電影工業行之有年。很久以前，當電影還只是劇場的錄影版本時，把劇本直接拍成電影是順理成章之事。不過，隨著導演的野心越來越大，以及觀眾的要求越來越多，電影開始採用多角攝影機和特效。分鏡表就是在這種背景下出現，作為電影開拍之前的安排準備，確認所有場景都想清楚了，沒有任何遺漏，不會讓導演進到剪輯室裡發現某個重要角度偏了，或漏了某個關鍵鏡頭。隨著電影製作越來越洗練，特別是在迪士尼動畫的帶頭衝鋒下，分鏡表的重要性也越來越高。它變成一種原型工具，讓動畫繪製者可以在展開細部工作之前，先確認故事的完整性。今天，由於精緻昂貴的數位特效幾乎主宰了好萊塢，電影製作者也跟著採用電腦分鏡表和「動態腳本」來測試每個鏡頭的動作，接著才開始準備實物。

從電影和其他創意產業借來的種種技術，告訴我們可以如何為非實體經驗製作原型。腳本就是其中之一，這是一種說故事的形式，利用文字或圖片來描述未來的可能情況或狀態。例如，我們可以虛構一個角色，這個角色完全符合我們感興趣的一組人口數據，比方說，一個離婚的職業婦女帶著兩個小孩，然後以她的日常生活為中心發展出具有說服力的腳本，藉此「觀察」她會如何利用電動車充電器或網路藥房。

當無線相容認證通訊（Wi-Fi communication）還不算成熟階段時，Vocera公司便製作了一支錄影腳本，告訴我們員工可以如何利用一種攜帶式的聲控「通訊徽章」，隨時和合作者保持聯繫，不管他在公司裡的哪個角落。這支短片以一個虛構的資訊技術支援小組為主角鋪陳情節，效果遠大於用技術簡報或Power Point向投資人解釋相關概念。一九〇年代初，Sony也利用同樣的技術發展它的第一個線上遊戲概念。設計團隊以東京青少年的生活為中心製作了一支腳本，演出他們利用新款線上遊戲休息室，大玩互動電玩或一起唱卡拉OK的情節。網際網路剛開始那幾年，這類宛如實境的虛構故事確實幫了管理階層一個大忙，將這項新服務和商業模式的可能發展，以視覺方式顯現出來。

腳本的另一個重要價值是，逼著我們把人放在構想的中心，防止我們迷失在機械或美學的細節叢林。腳本時時刻刻提醒我們，我們處理的對象不是物件，而是心理學家奇克森特米海伊（Mihaly Csikszentmihalyi）所謂的「人與物件之間的交易」。製作原型是為了給構想一個形式，讓我們可以從具體的形式中學習，拿它與其他產品做比較，進而提出改善計畫。

發展新服務的構想時，「顧客旅程」（customer journey）是一種簡單實用的腳本結構。這個腳本會仔細規劃出一名想像中的顧客，從頭到尾體驗某項服務的每個階段。旅程的起點可能是幻想式的，也可能是直接觀察人們如何買機票，或決定要不要在屋頂上裝太陽能板。不管是哪種情況，描述顧客旅程的價值在於，它可以讓我們看清楚，顧客和服務或品牌是在哪些地方產生互動。這些接觸點每一個都是公司可以向目標顧客創造價值的機會——或是永遠離開他們的機會。

幾年前，美國國鐵（Amtrak）開始研究有什麼機會可以改善東岸的交通，它們打算在波士頓、紐約和華盛頓特區之間開設一條高速鐵路。美國國鐵邀請IDEO參與這項「Acela專案」，我們的任務完全集中在火車本身，事實上，就是設計座位而已。專案小組花了無數個日子和顧客一起搭乘火車，然後製作出簡單的顧客旅程來說明整個過程。對大多數顧客來說，這趟旅程共有十個步驟，包括去車站、找停車位、買車票、進月台等等。其中讓我們最驚訝的是，顧客一直要到步驟八才會坐到座位上；換句話說，這趟火車之旅大部分都和火車本身無關。專案小組於是提出建議：之前的每個步驟都是創造正面互動的機會，如果美國國鐵只把焦點放在座椅的設計，就會白白錯失掉這些機會。我承認，這種做法會讓專案變得非常複雜，但這就是從設計進階到設計思考必然會遇到的情況。要協調來自華盛頓和紐約等地的多方利益，或許真不是件容易的事，但美國國鐵確實盡了力，為顧客創造出更完整、更滿意的搭乘經驗。儘管軌道、煞車系統和輪組問題層出不窮，媒體也大肆報導，但Acela的便利性已經得到證明。顧客旅程就是這個過程中的第一個原型。

把構想演出來

如果說玩樂高是孩童版的「用手思考」，泡沫塑料和電腦車床是長大成人的產品設計師的樂高玩具，那麼對於我們會在銀行、診所或監理處遇到的「服務創新」而言，它的「用手思考」會是什麼呢？在這方面，我們最可信賴的顧問，就和其他許多產品一樣，是小孩。每當兩三個小孩聚在一起，就會開始玩角色扮演的遊戲：他們變成醫生、護士、海盜、外星人或迪士尼卡通人物。根本不必催促，他們就會把複雜的主情節和副情節演個沒完。研究指出，這種表演形式不只有趣，還有助於確立內在劇本，導引我們的成年行為。

唐普雷斯套房旅館（TownePlace Suites）是萬豪（Marriott）旗下的旅館，服務長期約聘顧問之類的商務旅客，由於這些人必須長期離家而不是外宿幾天而已，因此更需要旅館有家的感覺。他們可能會經常待在房裡工作，週末會留宿，還可能會花時間自個兒去附近逛逛。萬豪想要重新思考一下這些旅客的獨特體驗。

傳統上，建築設計的問題之一，就是不可能製作全尺寸的原型，因為實在太貴了。於是，一個充滿想像力的「空間設計師」小組，租了舊金山灣景區的一間舊倉庫，在那裡用泡沫塑料蓋了一個全尺寸的假門廳和標準客房。他們並不打算用實體模型展示空間的美學品質，而是要用它充當舞台，讓設計師、客戶小組、旅館業主暨營運團隊和「顧客」，可以在上面演出各種服務經驗，在真實的空間和時間中探索什麼樣的感覺最正確。

我們鼓勵所有參觀者把便利貼加到原型上，並提出改善建議。這個過程讓我們得到許多創新想法，包括個人化的資訊指南，裡面有專為常客和他們的特殊需求量身打造的當地資訊，還有大廳裡的超大掛圖，顧客可以用磁鐵在掛圖上標出感興趣的餐廳和其他地標──一種「開放原始碼的資訊指南」。這個讓所有事情在其中上演的全尺寸空間，給了設計小組非常豐富的想法，可以進一步測試。此外，這個空間也更能讓人察覺出這些想法有多棒。沒有任何調查工作或虛擬實境能達到同樣的效果。

學習舒服自在的把潛在構想表演出來，對所有考慮用體驗方式來製作原型的人而言，顯然都很重要──美泰兒的蘿絲，甚至會在鴨嘴獸專案課程的前幾個禮拜，教導新成員如何施展即興表演的技巧。只要知道某些基本概念，像是如何加強演出夥伴的構想、不急著做決定，同時提高協同合作的可能性，這種即時性的原型製作就一定能成功。體驗式原型的戲劇效果可能很蠢很外行，那沒關係。畢竟要人鬆開領帶，甩掉高跟鞋，用即興演出的方式來探索構想，確實是需要一些自信。

天馬行空地製作原型

大多數的原型製作都是關起門來進行，理由很簡單，因為必須保持機密，限制曝光，好讓競爭對手（有時還包括管理階層）搞不清狀況。傳統派公司可能會安排焦點團體或顧客診所，至於美商藝電（Electronic Arts）這類比較尖端的公司，則會定期邀集遊戲好手來測試開發中的遊戲。這些控制得宜的環境，很適合用來評估產品的功能特色：可以運作嗎？掉下去會不會破？把這些零件組在一起會多棒？一般人可以找到開關嗎？事實上，這類功能通常由專案小組成員自行測試就可以了。不過，如果產品是「服務」而不是實物，事情就會比較棘手，尤其是建立在複雜的社會互動上的服務。比方說，手機就是利用使用者彼此之間以及與系統之間的無形互動。現今的複雜構想需要用天馬行空的原型來測試它們該如何存活、如何改造。

當德國手機公司 T-Mobil 開始研究如何利用手機來創造社群時，他們相信，志趣相同的個人用戶不只可以用手機打電話，更可以分享照片、訊息、制定計畫、調整行事曆、增強其他一百多種互動功能，而且速度比使用個人電腦更快更即時。T-Mobil 的這項構想可以用腳本或分鏡表來描述，甚至可以在手機上進行模擬。但這些做法都無法凸顯這個問題的社交層面。唯一的可行之道，就是讓原型直接接受市場測試。設計團隊將兩組原型灌進諾基亞手機，分別交給斯洛伐克和捷克的小團體使用，想判定哪組原型比較吸引人，以及原因何在。不到兩個禮拜，答案就很明顯。獲勝的構想是根據用戶的行事曆幫助他們建立社交網絡，這項結果讓設計團隊傻眼，因為他們原本屬意另一個構想，也就是幫助客戶建立共享電話簿。這次測試不但讓設計團隊收集到實戰證據，知道這項新服務可以如何使用，還讓他們及時避開了錯誤的道路。這項創新做法只有一個缺點，就是測試結束後，有幾位用戶拒絕把手機交回來。

另一種「天馬行空製作原型」的新方式，牽涉到虛擬世界和社群網站的應用。公司可以在實際投資之前，從這類網站中得知消費者對建議品牌或建議服務的看法。喜來登飯店就是個成功案例。二〇〇六年十月，該集團在第二人生的虛擬世界裡，為規劃中的雅樂軒（Aloft）品牌推出電腦合成的3D原型。接下來的九個月，虛擬客戶的意見如洪水般湧進喜來登，建議內容無所不包，上至整體格局，下到在浴室設置收音機，以及用大地色系重新粉刷大廳。當喜來登收集到足夠的回饋之後，隨即關閉虛擬旅館進行「整修」。等到虛擬旅館重新開放，立刻爆發一場熱鬧非凡的網路派對，時髦的化身們在大廳熱舞，在酒吧勾人，在游泳池畔留連。只不過，等到實體旅館開始興建，你該如何處理這個昂貴的虛擬原型呢？喜來登把它放棄的「sim」（虛擬世界中的土地面積單位），捐給了線上青少年激勵團體TakingITGlobal。

喜來登的雅樂軒旅館希望吸引年輕、都會、時髦、科技迷的顧客群；也就是那些會在「第二人生」街區裡遊蕩的人。不過虛擬原型的好處，也可能會讓其他較保守的企業願意放膽實驗一下。虛擬原型可以讓公司和預期客戶進行快速連結，並從世界各地的人們那裡得到反應和回饋。虛擬原型互動容易，只要有越來越多公司開始探索在社交網站上製作原型的可能性，我們的評估技巧也會變得越來越熟練。不過，和所有原型媒材一樣，虛擬原型也有它的限制。在「第二人生」之類的虛擬世界裡，顧客是以化身方式出現，我們對這些人的真實身分根本一無所知。這確實挺冒險，因為事情並不永遠是表面看到的模樣。

管好自己的事業

除了為實體物品和無形服務製作原型之外，原型製作還有另一個更抽象的挑戰，就是設計新的企業策略、新的企業產品，甚至新的企業組織。原型可以用整個組織都能理解和投入的方式，落實抽象概念。

製播《黑道家族》和《慾望城市》等影集的HBO公司，早在二〇〇四年便意識到電視的生態正在發生改變。HBO是藉由傳輸付費內容而成為有線電視界的一哥，但它已經預見，新的傳輸平台，例如網路電視、行動電話和隨選視訊（VOD），一定會越來越重要。HBO想要了解這些改變可能會帶來哪些衝擊。

經過漫長的研究和觀察消費者，HBO提出一項策略：製作無縫內容，提供給所有的新科技平台播放，包括桌上型電腦、筆記型電腦、手機和網路電視（IPTV）。我們的結論則是，HBO必須鬆綁它和有線電視的關聯，轉變成「技術無限」（technology agnostic）的公司，負責提供內容給任何平台和任何地區的消費者。也就是說，HBO不能先是為電視製作節目，然後才思考該怎麼把電視節目變成DVD或手機內容，而是從一開始就必須把其他管道考慮進去。我們知道，這項野心勃勃的計畫會挑戰到好幾個基本前提。HBO不只必須更加了解觀眾和媒體之間的關係，還必須打破公司內部那些根深柢固各自為政的心態。

為了創造令人信服的顧客體驗，專案團隊製作了一個原型，並以走動體驗的方式將它裝置在HBO紐約總部的十五樓。資深幹部可以藉此親身得知，顧客可以怎樣利用不同的裝置和電視內容互動。為了替技術和分析奠基，團隊打造了一張未來地圖延伸到整個牆面，將該計畫一旦啟動之後，該公司可能會面對的科技、企業和文化因素一一展示出來。HBO行銷副總裁凱斯勒（Eric Kessler）走過我們打造的環境，然後表示：「這不是HBO隨選視訊服務的未來，這是HBO的未來。」

這個原型以引人入勝的寫實方式，將HBO的管理階層帶到未來，幫助他們看到即將來臨的機會和挑戰。當HBO和辛格勒無限（Cingular，現已改名為AT&T無限）開始討論將付費電視內容放進手機平台時，十五樓的原型已經幫助他們達到共識與理解。

為組織重整製作原型

HBO的例子告訴我們，即便是處理企業策略層次的問題，也需要用手思考，同理，組織本身的設計也一樣。機構必須隨著環境演化。雖然「組織重整」已經變成企業文化的陳腔濫調，但它的確是所有公司都可能面對的最致命、也最複雜的設計問題，只是大家很少把設計思考的基本做法應用在這個問題上。開了一堆會議卻沒腦力激盪；組織架構擬定了卻看不出任何用手思考的跡象；計畫做了、指令也下了，卻沒製作任何原型。我不知道IDEO能否拯救美國汽車產業，但我們會從泡沫塑料和熱熔槍開始。

沒錯，要為新組織結構製作原型肯定十分困難，因為組織結構的本質就是牽一髮而動全局。你無法只修理某個單位而不影響到其他部分。與眾人有關的原型製作同樣必須小心處理，因為它不太能容許錯誤發生。然而儘管如此，有些機構還是採取了設計師的做法來進行組織改造。

達康這顆超級新星的內爆，在二〇〇〇年底創造了一個黑洞，黑洞中心就位在舊金山灣區。舊金山「多媒體峽谷」（Multimedia Gulch）裡的設計師閣樓人去樓空，只剩下符合人體工學的電腦椅和色彩繽紛的 iMac；貫穿矽谷的一〇一高速公路上，沿線那些一個月要價十萬美元的廣告看板空空如也；一心想要成為企業家的年輕人，重新回到學校修完學分。那時，一直和新興公司合作，同時也協助略具規模的企業順利進入網路時代的ＩＤＥＯ，也遭受重擊。自公司創立以來，我們第一次感覺到必須勒緊褲帶。我被召回英國，在那裡統籌ＩＤＥＯ的歐洲業務，接下凱利的領導重責，凱利憑著超強的時機敏感度，在電子泡沫破滅前一刻，決定辭職退休，專心投入他在史丹福的學術生涯。於是乎，監督ＩＤＥＯ升級到 2.0 版的重責大任，就落到我頭上。

我們從一個一度誇下海口絕不讓員工超過四十人的公司（這樣我們才能鎖上大門，跳上學校巴士，開到海灘去玩），擴張到今天將近十倍的人數，但我們努力維持單層式的組織結構，用公司的成長來實現三百五十名員工的生涯、福利和夢想。這項賭注風險很大，而且沒有任何安全網支撐，所以我決定做設計師該做的事：召集了一支團隊，提出一項專案。專案的設計綱要是？重新改造這家公司。

我們花了二十年的時間，為客戶創造以人為中心的設計流程，如果我們沒把它套用在自己身上，那不是太奇怪了嗎？於是我們一步一步照章執行。「第一階段」，專案團隊分頭出擊，和每個辦公室的設計師、我們的客戶、合作網絡，甚至競爭對手談論這個領域會如何演變，我們的弱點是什麼、長處又在哪裡，藉此汲取洞見。這些討論帶出一系列研討會，以及我們的第一個原型，這個原型採取集結「大創意」的模式，將我們捕捉到的未來呈現在眼前。其中之一是「小d開頭的設計」──把設計當成工具，改善每個層面的生活品質，相對於創造個人風格的物件、為美術館或生活雜誌封面增光的設計。

另一個構想我們稱為「一個IDEO」，這個觀念指的是：我們的未來不是建立在個別工作室的作為上，而是以單一互聯網的方式運作。第三個構想是放棄原本的「工作室」模式，改採「全球實務」（global practices）這種還沒經過測試的全新結構，前者只是反映設計師的組織方式，後者則企圖反映世界本身的組織方式：「健康實務」（Health Practice）的焦點專案包括，為美敦力公司（Medtronic）設計精密醫療設備，以及為葛蘭素史克藥廠（GlaxoSmithKline）籌劃套裝教育等等；「Zero20」關心從剛出生的嬰兒到青春期晚期的所有小孩；其他實務的關懷主題包括互動、軟體、消費者經驗、「智慧空間」設計，甚至組織改造。此刻，我們認為自己已做好準備，打算讓我們的原型上場作戰。或說得更精確點，打算把戰場帶進我們的原型。

我們打算策劃一次全球事件讓IDEO的所有員工共聚一堂，這是我們把業務拓展到矽谷基地以外的頭一回：來自波士頓的資深機械工程師、來自倫敦新加入的平面設計師、來自舊金山的模型製作師、來自東京的人因專家，甚至我們最親愛的帕羅奧圖接待員薇琪，全都聚集到灣區，全力啟動我們所謂的「IDEO 2.0」計畫。站在三百五十位同行、同事和良師益友面前，宣布這項計畫就此展開，至今依然是我職業生涯的高峰。然而當時我不知道的是，開球是其中最簡單的一小步。

啟動典禮非常成功，包括為期三天的講座、研習會、工作營和跳舞，以及三百五十人同步開打的老式電玩遊戲「乒乓」。不過接下的一年，才是我經歷過最艱難歲月之一。隨著原型逐步展開，我們學到，同一個故事要重複好幾次，才能讓人了解如何應用，然後要再花上更多次，才能讓他們改變行為；我們學到，可以成功帶領當地小團體的領導團隊，也無法輕輕鬆鬆就把他們的概念投射到七個不同地區；我們學到，充滿想像力、習慣讓創意自由發揮的設計師，無法讓自己高高興興地適應市場導向的實務。

重新設計IDEO，是因為我們希望這個組織對成形中的全球新環境，保持彈性靈敏、緊密呼應的關係。五年下來，最初的七項業務中有兩項結束，新增了一項，還有一項為了和預期客戶取得更好的共鳴而改頭換面、重新命名了兩次。當問題牽涉到組織的時候，必然會不斷變動，每件事都是原型。當我們面臨最嚴重挑戰的時刻，我們提醒自己，成功的原型並不是毫無瑕疵的那一款，而是能教導我們的那一款——關於我們的目標、流程，以及我們本身。

製作原型的方法很多，但它們都有一個獨特而弔詭的特色：以退為進。我們花費時間製作原型，藉此避開其他昂貴的錯誤，例如讓構想變得太複雜、太超前，或是和有缺陷的構想糾纏太久。

我在前面寫過，所有設計師，無論是否接受過任何設計訓練，都必須佔據「創新三空間」。既然設計思考家在專案過程中會不停地「用手思考」，會精益求精，直到完美，因此原型製作就是可以讓他們同時佔據這三大領域的實務之一。

原型製作永遠和**發想**空間有關，不是因為它做出完美的藝術品，而是剛好相反：因為它激發了新構想。應該從專案初期就開始製作原型，我們預期會做很多次、做很快、做很醜。每件原型只需讓設計團隊學到某件事情，讓構想可以往前推一步「就夠了」。在這個決定性較低的層次，最好的做法就是讓團隊成員自己製作原型，不要委外。設計者可能需要配備完整的模型作坊，但設計思考家可以在咖啡館、會議室或旅館套房裡「建造」原型。

設定目標，是刺激初期階段原型製作的方法之一，比方說要求團隊在第一週甚至第一天結束之前，就要把原型製作出來。只要構想開始有具體的形象出現，就很容易展開測試，進而從內部的管理階層和外部的潛在客戶那裡誘發回饋的意見。事實上，衡量一個組織創新程度的標準之一，就是看它的第一個原型平均要花多久時間。在某些組織，這項工作可以花上好幾個月甚至好幾年，汽車工業就是最明顯的例子。但是在最具創意的一些組織中，則是幾天就可以搞定。

在**構思**空間裡，我們將構想建造成原型，藉此確認它們是否符合市場要求的功能和情感因素。隨著專案推進，原型的數量會隨著它的精密度的遞增而遞減，但它們的宗旨依然不變：協助團隊去蕪存菁、往前推進。如果這個階段所需的準確度超出團隊的能力，也許就需要求助於外部專家——模型製作師、錄影師、寫手或是演員。

在創新的第三個空間，我們關心**執行**問題：清楚傳遞構想以贏得組織上下的同意，並證明該構想可符合預期市場的需求。在這個空間，製作原型的習慣同樣扮演重要角色。可以在不同階段用原型來驗證某個子配件的子配件：螢幕上的某個圖案、椅子的扶手，或捐血者和紅十字會志工的某個互動細節。隨著專案逐漸完成，原型也會趨於完整。很可能變得昂貴、複雜，和真品無法區分。到了這個節骨眼，你知道你有一個好構想；只是還不知道它有多棒。

麥當勞就是一家將原型製作應用到創新三空間的著名公司。在**發想**空間，設計師利用素描、快速模型和腳本，來研究新的服務、產品供給和顧客經驗。這些原型可能不會公開，也可能會展現給管理階層或消費者以聽取初期意見。發展到**構思**空間時，麥當勞會在位於芝加哥郊外的總部建造精緻的原型設施，讓專案小組在那裡安裝各種烹飪設備、即時銷售系統和餐廳格局，來測試新構想。當新構想進入到可以**執行**的階段，通常就會在選定的餐廳裡採取試賣的做法。

Chapter 5

體驗的設計，或將構想付諸執行

我經常在舊金山和紐約之間飛來飛去，實在太頻繁了，但我還挺享受這趟旅程。身為英國人，對我而言，紐約就是美國的典型象徵。那是我造訪的第一座美國城市，只要知道有機會重返，我總會感到一陣興奮。不過，就在不久之前，這趟飛行變成某種必須忍受的苦差事。老舊的飛機、狹窄的座位、難以下嚥的食物、貧乏的娛樂設備，加上不方便的飛行時刻和冷漠的服務，完全抵銷這趟理應無與倫比的神奇飛行。

二〇〇四年，還處在九一一餘波暈眩期的聯合航空，在「舊金山—紐約」這條航線上引進了一項名為「p.s.」（Premium Service，優質服務）的新服務，企圖解決上述問題。聯合航空就是靠著這次揮棒，一舉領先其他競爭者。聯合航空將大多數757客艙全部改成商務座椅，因為這條航線的顧客多半是商務人士。伸腿的空間明顯大了許多，但新的機艙配置依然能營造出寬敞的感覺。聯合航空引進比較好吃的食物，並提供個人化DVD播放器給商務旅客。

這些改善都讓聯合航空的「優質服務」有別於其他競爭者，但其中有一項尤其讓我印象深刻，大大改變了我的搭乘感受：那就是新增加的地板空間讓登機體驗整個改觀。現在，我不但有足夠的空間可以在擺放行李的時候不擋到其他乘客，還可以把從登機到起飛那二、三十分鐘變成一種社交體驗。我發現，只要少了那些努力擠身通過的不耐煩乘客，我就會有心情和鄰座的旅客閒聊。聯合航空甚至在艙門還沒關上、我們的餐桌還沒「豎直扣好」之前，就設法讓登機變成一種社交體驗，我自然會對接下來的飛行充滿期待。這種淨效應強化了旅行時的興奮感和期待感。這種體驗不只連結了我的時刻表，還連結了我的情感。

我對商務噴射機的體驗，正是所有投入設計思考原則的組織會面臨的最複雜挑戰之一：當我們坐在飛機上、在雜貨鋪買東西，或在旅館辦理住宿登記時，不只是在完成某項功能，也在經歷某種體驗。如果我們沒拿出好工程師對待產品，或好建築師對待房子那樣的謹慎態度，來設計這些伴隨功能而來的「體驗」，將會使原本的功能連帶受到打折。而這章要談的就是體驗的設計，我們將檢視可以創造有意義的難忘體驗的三大主題：第一，我們正生活在潘恩（Joseph Pine）和吉摩爾（James Gilmore）命名的「體驗經濟」時代，這個時代的人們已經從被動的消費者轉變成積極的參與者。第二，最棒的體驗不是由企業總部編寫出來的，而是由服務提供者在當下傳遞出去的。第三，執行就是一切。體驗和所有產品一樣，必須精雕細琢，精準構建。

光有好構想還不夠

創新一直被定義為「良好構想，加上完善執行」。這是個好的開始。可惜的是，我們往往過於強調這道命題的前半部。我看過不知多少例子，空有良好構想，卻因為執行不善這個簡單的理由，而無法發光發熱。其中大多數還沒上市就宣告夭折，至於上市的那些，則都成了電器行或超市儲藏庫的垃圾。

新產品或新服務失敗的原因很多：品質參差不齊、行銷手法缺乏想像力、配銷系統不可靠，或價格不夠實在。然而，就算軟體硬體一應俱全，如果執行不善，構想再好還是會以失敗收場。執行不善可能和產品的硬體設計有關：太大、太重、太複雜，也可能是新服務的接觸點（零售空間或軟體介面）沒連結到消費者。這些都是失敗的設計，但通常可以修正。不過，有越來越多構想之所以失敗，是因為人們對構想的要求提高了，單只是功能可靠、整體包裝沒問題，已經不再能滿足民眾。民眾要的是，將產品的所有成分結合起來，創造美好的體驗。這是一個複雜許多的命題。

對於這種新層次的期望提升，向來有多種解釋。其中最具說服力的，是品克（Daniel Pink）所謂的「富裕的心理動力學」。品克在《未來在等待的人才》（*A*

Whole New Mind）一書裡指出，一旦我們的基本需求得到滿足，一如西方富裕社會裡的大多數人那樣，我們就會開始追求有意義又能滿足情感的體驗。這點只要看看娛樂、銀行和健康照護這類服務經濟，與製造業經濟之間不成比例的消長關係，就可以知曉。此外，這些服務本身也已經遠遠超出基本需求的範圍：好萊塢電影、電玩遊戲、美食餐廳、推廣教育、生態旅行以及定點式購物，近年來都出現驚人成長。這些服務的價值，全在於它們創造出來的情感共鳴。

迪士尼公司可能是體驗型企業的最佳範例，我們不該認為它僅止於娛樂業。體驗比娛樂更深奧、更有意義。**體驗意味著主動參與而不是被動消費**，而且可以同時出現在好幾個不同層次。和你三歲大的女兒坐在一起聽她唱小美人魚，這種體驗遠超乎娛樂範圍。全家人去迪士尼樂園玩一趟，很可能是花錢找累受，食物難吃、隊伍排不完，當妳告訴小女兒她太矮不能玩飛越太空山時，她可能哭成淚人兒，儘管如此，大多數遊客日後回想起來，都會認為這是他們家庭生活最棒的體驗之一。

因此，「**體驗經濟**」的真實意含主要並不是娛樂。潘恩和吉摩爾兩人在他們那本影響深遠的書中所描述的價值層級——從日用品、產品到體驗服務——正好和我們體驗這個世界的方式，從以功能為主轉向以情感為主彼此呼應。因為理解到這項改變，許多公司開始投資體驗服務。因為單靠產品的功能利益，似乎不足以吸引消費者或創造品牌區隔。

從消費到參與

工業革命不只創造出消費者，還打造出消費社會。維持工業化經濟所需要的絕對規模，意味著不只產品變得標準化，甚至與產品相關的服務也一樣。這為社會帶來驚人的好處，包括更低的價格、更高的品質以及生活水準的提升。缺點是，隨著時間演進，消費者幾乎變成全然被動的狀態。

十九世紀末發明現代設計的英國改革者，已經敏銳地察覺到這點。他們預見到一個充斥著英國工廠廉價品的世界，這些產品和製作它們的工人再也沒有關聯，對購買它們的大眾也不具意義。莫里斯（William Morris）這位支撐英國藝術與工藝運動的非凡英雄，正是上述看法最雄辯滔滔的發言人，他指出，工業革命預告了一個富有到無法想像但卻吸乾了所有感覺、熱情和參與的世界：「想一想啊！」他在晚年怒斥說：「難道到頭來一切都進了煤渣山頂端的帳房？」

莫里斯這位不悔的浪漫主義者深信，工業革命把藝術從實用範圍切離，在「有用的工作與無益的徒勞」之間拉開了鴻溝，在追求物質的同時污染了自然環境，同時貶低了享受自身勞動果實這項理應得到歌頌的人類能力。莫里斯在一八九六年抱憾而終，認為自己並沒有達成任務，並沒有將人類對物品和體驗的需求融於一爐。他悲嘆他的工匠夥伴已淪為「令人厭煩的小貴族，專門以精湛手藝替富豪服務」。然而，這些人幾乎是身不由己地，為二十世紀的設計理論發展設定了議程。

今天，我們依然在為此搏鬥，依然想在純粹滿足慾望的產品之上，創造有意義的體驗，因為那些產品不論是工業的或資訊的，似乎都即將吞噬我們，一如我們吞噬它們那樣。雷席格（Lawrence Lessig）是一位法律教授，也是史丹福網路與社會中心的創始人，如果他看到我拿他與莫里斯相提並論，可能會非常震驚。不過，從他在這個「大媒體」時代努力想要奪回我們對創意的控制權，便可看出他的確承繼了莫里斯對抗「大工業」的戰役，分享了同一個偉大的傳統，想要把設計當成社會改革的工具。

雷席格以穩健沉著、持之以恆的態度，不斷藉由書籍、演講和線上討論告訴我們，這世界如何從一個大多數人都是生產者的前工業社會，發展成大多數人都淪為量產媒體消費者的工業社會，這是在許多產業裡都可以發現的一種逆轉現象。然而，雷席格和他的前輩不同，莫里斯的做法是緬懷過去，絕望地把中世紀自給自足的工匠美化成理想的烏托邦，雷席格則是展望未來，期盼我們在後工業的數位時代，能再次創造自身的體驗。

雷席格以音樂為例，說明我們正在從二十世紀末的被動消費，回歸到主動參與自身的體驗。在收音機和留聲機發明之前，作曲者是把樂譜賣給出版社，出版社再以純音樂的形式，賣給親自在家裡或家庭聚會等場合彈奏音樂的消費者。隨著廣播媒體新科技的浮現，我們不再每天晚上在家裡彈奏音樂，而是開始聽音樂：先是藉收音機和留聲機聽，後來發展到藉音響、音箱和隨身聽。然而，隨著數位音樂和網際網路的出現，很多人重新開始創作音樂，而不只是消費音樂。

如今，我們都有軟體可以從網路上下載音樂，進行混音、取樣、混搭，然後將結果重新傳布出去。透過蘋果電腦內建的 Garage Band 應用軟體，我們就算沒受過正規訓練或不會彈奏任何樂器，也能創作音樂，於是我們看到，七歲大的孩童也能為學校的 PowerPoint 簡報，製作獨一無二的配樂。

莫里斯和雷席格的戰役相隔了一個世紀、一片海洋和另一項科技革命，兩者都意味著，我們必須像體驗設計師那樣去創造感知轉移。Web 1.0 是用資訊去轟炸目標消費者，但 Web 2.0 則全是關於如何吸引他們，企業如今知道，不能再把人們當成被動的消費者。我們在前幾章已經看到，這種**參與式設計很快就變成發展新產品的標準模式**。這點也可以套用在體驗經濟之上。

設計可以透過影像、形式、紋理、顏色、聲音和味道，讓我們投入情感、豐富人生。設計思考以人為中心的本質，為我們指出了下一步：**我們可以利用人類的同理心和理解力來設計體驗，創造主動投入和參與的機會。**

參與式的體驗

就規模而言，迪士尼可能是體驗經濟最強而有力的範例，在美國，迪士尼樂園每天輕輕鬆鬆就能迎接上萬名遊客。不過，今天已經有越來越多品牌把事業基礎建立在參與式體驗之上。食品產業或許是其中最戲劇化的代表，不只產品來源發生改變，連配銷點也是。歐美兩地的小雜貨店在一九五〇到一九六〇年代陸續消失，由廉價、整潔的超市取代。低廉的價格加上包裝、化學保存、冷藏、儲存和長距離運送這一連串生產流程，不只讓食物的品質大為降低，同時也讓購買食物這項與人類社會起源緊密相連的體驗，失去人性化。近來，日漸普及的農民市場、社區農業、慢食運動，以及如雨後春筍般大量湧現的相關著作，包括波倫（Michael Pollan）的《食物無罪》（*In Defense of Food*），金索夫（Barbara Kingsolver）的《自耕自食，奇蹟的一年》（*Animal, Vegetable, Miracle*）等，在在顯示出消費者渴望不同的食物採購體驗。

先前我討論過廣受歡迎的全食超市，美國最成功的食品零售系統之一。全食超市之所以能不斷成長，不只因為生機飲食的市場持續擴大，也是因為它察覺到體驗的重要性。店鋪裡的每個層面，從生鮮產品的陳列、免費試吃，與食品烹調儲存相關的豐富資訊，乃至五花八門的「健康生活」產品，全都經過悉心設計，除了吸引我們停留，更邀請我們參與其中。德州奧斯汀的全食旗艦店，甚至還推出允許顧客現場烹煮的實驗。

當體驗品牌開始抓住每個可能的機會和顧客交手時，它們的門檻也跟著不斷提高。維珍美國航空（Virgin America）是一個體驗品牌，因為它透過網站、互動式服務和廣告，讓我們輕鬆自在地體驗登機和實際的飛行服務。聯合航空則不然，雖然它的「優質服務」服務很棒，但其他部分並未加強體驗這個命題。不過，實驗到處都是，或許我們會在其他意想不到的地方發現。

著名的明尼蘇達羅徹斯特梅約診所（Mayo Clinic），是個和全食超市、維珍美國航空和迪士尼截然不同的體驗品牌。梅約診所和許多大醫院一樣，是以專業工作人員和處理複雜疾病的醫療技術享譽世界。然而，該機構讓自己超越其他競爭者的方法之一，是在尖端研究之外，進而在病患體驗上尋求創新，藉此擴充名聲。

二〇〇二年，由內科部主任拉魯索（Nicholas LaRusso）和副主任布倫南（Michael Brennan）領導的一支醫療團隊，帶了一個和「臨床體驗實驗室」有關的構想前來IDEO。他們想知道，有沒有可能建造一個新的環境，也就是在現有的醫院設施旁邊增建一棟新裙樓，在這棟裙樓內部以視覺方式展現出來醫療照護的新走向，並做成原型？我們利用從設計思考使用指南中剽竊出來的一組原則，將整個程序套入「眼見—籌劃—行動—改良—溝通」（See-Plan-Act-Refine-Communicate, SPARC）的方法學，並將它們體現為最高級的史帕克創新計畫（SPARC Innovation Program），在二〇〇四年開幕。我們將IDEO的流程引入梅約診所，讓它在那裡生根。

史帕克實驗室是設置在門診醫院裡（說得更精確一點，是先前的泌尿科）的設計工作室，設計師、企業策略家、醫療和健康專業人員以及病人，在此密切合作，發展各種構想來改善醫病體驗。它的運作方式有部分像實驗門診，有部分則像是獨立的設計顧問，為醫院其他單位提供諮詢服務。不管任何時候，都有六、七件專案同時在史帕克實驗室進行——從重新思考傳統的檢查室，到為網路掛號櫃檯製作互動介面的原型。史帕克全體職員和相關人士的工作，就是全方位改善病患對這家醫院的體驗。

從迪士尼樂園到梅約診所，體驗可以用嬉戲和嚴肅的方式加以創造。史帕克的案例顯示，**設計思考不只可應用在產品和體驗，還可以延伸到創意流程。**

誘導民眾改變行為

我們經常聽到挫折沮喪的經理人（或政治家、健康倡導者）抱怨，只要消費者（或選民、病患）肯改變行為，就沒有任何問題了。不幸的是，要人們改變行為本來就是件困難事，即便天時地利人和兼備，也不可能不遭遇抵抗。

誘導人們嘗試新事物的做法之一，是借助人們熟悉的行為，就像在Shimano公司的案例中，我們喚起美國成人的兒時回憶，藉此創造出新的自行車體驗。當美國銀行前來ＩＤＥＯ，希望我們協助他們提出新的產品構想，在開拓新客戶的同時，還能留住老顧客，一個同樣令人信服的故事就此展開。團隊提出了十幾個概念，包括以養育子女的女性為目標的服務構想，協助父母教導子女金錢管理觀念的教育工具等等，其中有個構想似乎特別突出：一項可以幫助顧客省錢的服務。企業的第一要務就是理解人們的行為，於是我們戴上人類學家的遮陽帽實地觀察，去了巴爾的摩、亞特蘭大和舊金山，了解儲蓄這件事在一般美國人生活裡，究竟扮演怎樣的角色。

我們發現，所有人都想存錢，但只有少數人有存錢策略。與此同時，大部分民眾會無意識地執行一些看似有保障的動作。比方說，有些人會習慣多付水電費，有些是基於對整數的喜愛、有些則是為了確保他們不會被遲繳的費用嚇到。另一種「看不見的省錢」習慣是，把每天用剩的零錢丟進罐子裡（這很受孩子們歡迎，因為他們發現這是取之不竭的零用錢來源，但銀行櫃檯員可不歡迎，因為他們得花上半天數銅板）。專案團隊認為，可以根據這些行為線索，鼓勵民眾存更多錢。

經過無數次的重複、確認和原型製作，美國銀行終於在二〇〇五年十月推出一項新的服務，名為「保存零頭」（Keep the Change）。「保存零頭」方案會自動將記帳卡裡的購買金額化為最接近的整數，然後將差額存入顧客帳戶。比方說，當我早上在 Peet 連鎖店買三點五美元的拿鐵，並用我的記帳卡付款，銀行就會自動把如果我用四美元現金結帳會找回的五十美分存入我的帳戶。拜我喝下的所有咖啡之賜，我的存款迅速增加。發現這種存錢方法真是既省時又簡便的，可不只我一人哦。開辦第一年，「保存零頭」方案就吸引了兩百五十萬顧客，包括七十幾萬個新支票帳戶和一百萬個新儲蓄帳戶。如果是用複利或道德勸說這類迂腐的老方法，來要求那些浪費成性的人改變習慣，我懷疑是否會有同樣驚人的效果。IDEO把新的服務嫁接在現有的行為模式上，藉此設計出熟悉親切又新鮮動人的體驗。在美國銀行的顧客知道這點之前，他們已經享受到先前從未想過、可能永遠也不會想到的結果。

打造人人都是設計思考家的體驗文化

說起設計令人讚嘆的體驗，沒有其他行業比旅館業的挑戰更大，或許也沒有其他行業的賭注比它更高。所有旅客都會回想起那些心臟差點停止的時刻，好在有個殷勤體貼的旅館工作人員，把一場可能發生的災難化為美好體驗，相反過來說也成立。而且，美國銀行只需創造一次性的介面就可以了，但大型連鎖旅館的盛衰，卻得靠持之以恆地提供完美用心的服務，不得有絲毫的差錯。就和所有的體驗品牌一樣，旅館業的服務對象是人。

四季旅館的聲譽除了來自奢華的設備，也來自服務品質。它們的員工訓練系統在業界相當有名，員工可以透過這套訓練學會如何了解顧客的需求，並以夥伴的意見為基礎接力發想——我們在先前提過，這是設計思考家的必備特質。根據其中一項計畫，凡是服務期滿六個月的合格員工，便有資格成為被服務的對象，在世界各地的四季旅館享受豪華的住宿體驗。這項計畫看起來像是誘人的額外津貼，實際上卻是非常精明的投資。從這些旅程中回來的員工，因為親身感受到什麼是殷勤接待，於是會激勵自己為顧客提供最好而且最具同理心的體驗。四季旅館的員工知道，非凡的體驗要從自己人開始。

創造體驗文化必須超越大家都一樣的泛型層次，讓每位顧客感受到你為他量身設計了獨一無二的體驗。體驗服務和標準化服務不同，必須營造個人化和客製化的感受，才會廣受歡迎。有時，這種感受可以藉由科技達成，例如雅虎提供使用者客製他們的搜尋網頁。更常見的情況是，取決於體驗提供者是否有能力在關鍵時刻，增加某種特殊待遇或恰到好處的服務。這種掌握時機的敏感度，可不是行銷主管們幾個月前或甚至幾年前，聚在幾英里外的地方發展出來的公司策略有辦法培養的。位於後方大本營的設計團隊，或許可以為某項體驗打造無與倫比的舞台，甚至可以編些實用腳本讓它一路演下去，但他們無法預測每一次上演的最佳時機。正因為如此，四季旅館並沒用錄製好的腳本訓練員工，而是把即興表演納入訓練課程。真正的體驗文化，是一種自然發生的文化。

這項洞見給了麗池卡登酒店（Ritz-Carlton）一項靈感，該酒店是萬豪國際的子公司，萬豪酒店的姊妹品牌。麗池卡登請我們協助思考，如何打造一種可以讓麗池旗下五十家豪華旅館自由調整的體驗文化。有沒有可能，將這種個人化的體驗構想延伸到每家旅館，但又不會減損個人化的關懷，也不會犧牲各自的特色？想要創造協調一致的統合體驗，關鍵自然是不要刻意去做。

IDEO的設計師決定發展一項稱為「透視法」（Scenography）的兩段式計畫，目標是為一般經理人配備預測顧客需求和滿足顧客期望的工具。第一階段，設計團隊創造了一套包括各種發想範例的工具組，讓經理人了解精采的體驗文化看起來大概是什麼模樣。團隊利用藝術、戲劇和原創攝影的視覺語言——場景、道具、基調——來捕捉明確的情緒氛圍，重新分配旅館老闆的角色，要他扮演藝術總監而不是營運經理，以充滿創意的方式增加他的能力，讓他可以自行編出一支獨一無二的體驗之舞。

「透視法」第二階段處理的是，每家旅館都以獨立的方式運作，專注於在地接觸和指定型管理。「透視法」並沒有設計一個統一溫和的形象套在每家飯店頭上，而是發展出一套範本，協助經理人判斷自己是否符合想像劇本中所描繪的高標準，甚至可以進一步從頭打造自己的場景。餐旅業原本就很善於提供自由配套的產品和各自獨立的娛樂設施。我們希望他們把服務想像成無時無刻都在進行的事，會碰到層出不窮的偶然情況以及強烈的情緒反應。事實上，我們是在要求他們透過某項體驗來說故事。

餐旅業這行靠的是傳遞美好的體驗，而我們從這行學到的教訓是：改造組織的重要性，絲毫不下於設計大廳或接送服務。這項改造工程的基本要素，就是提高員工把握機會的能力，不論何時何地只要看到就能迅速掌握，並提供他們工具，創造沒有劇本的體驗。

與其由位於某個地方的一群設計師，傳授他們一套量身打造的使用指南，我們寧願鼓勵他們把自己變成設計思考家。

將構想付諸執行

最近，我和同事去了密西根激流市，傍晚抵達新開幕的JW萬豪飯店。原本我們打算在城裡隨便找點東西吃，沒想到Steelcase的一位合夥人通知我們，他已經安排我們在飯店的「豪華會客廳」用餐。我腦中立刻閃過電影《鐵達尼號》的船長餐桌。於是我開始捏造時差症候群，但沒奏效。我們被護送進餐廳，接著有人引導穿過幾道門扇進入廚房，副廚師長、糕點師傅和侍者列隊迎接著，最後，我們被帶進執行主廚的私人辦公室，那裡有一張特別準備好的桌子。我們置身在密室堂奧的最深處，他的私人領域，四周圍繞著烹飪書籍、美酒、他最喜愛的音樂，以及林林總總和大規模烹調運作有關的物品。一頓完美的餐點隨即登場。我們和主廚暢談當地的物產、廚房的祕密，以及商業上的爾虞我詐。那個晚上，我學到很多和食物有關的知識，甚至學到更多和設計相關的學問。

我們不必是時髦餐廳的執行主廚也都能理解，吃東西這件事不只和食物、營養或餐飲有關。當朋友要來家裡用餐時，你會花上許多時間思考如何營造美好的體驗：要煮什麼？應該在室內用餐或在戶外用餐？座位的安排應該方便老朋友聊天，還是加強生意夥伴的關係，或是讓新朋友感到輕鬆自在？煮一餐飯和設計一場體驗的差別就在這裡。不過，別把演出的舞台搞砸還是很重要的：如果沙拉看起來病懨懨無生氣、雞肉吃起來像輪胎、拔塞鑽怎麼都找不到，那麼再多的設計恐怕也是枉然。要讓構想變成體驗，除了縝密思考之外，還得以同樣謹慎的態度執行出來。

諸如晚宴這類僅此一次的體驗，就有點像是一件上好的木工：工匠悉心處理木頭的紋路，同時也在上面留下自己的痕跡，瑕疵也是它魅力的一部分。然而，當這類體驗經過多次演練，就必須讓其中的每一項元素都能精準咬合，這樣才能一貫而可靠地傳達出想要營造的體驗。我們可以將服務設計想像成，把所有東西組裝出一件偉大的產品，例如一輛ＢＭＷ。設計師和工程師得使出渾身解術，確認車內的氣味、座位的感覺、引擎的聲音和車體的外觀，全都可以彼此支援、相互強化。

在設計住宅時，建築師萊特素以挑剔聞名，他會把屋主居住經驗中的每一個面向都設計進去。「梅之家」（The Meyer May House）是位於激流市近郊的一棟宅邸，穩重而不張揚，萊特藉由建築物的整體格局來保護屋主和賓客的隱私，並利用每個建築細節來支持這項整體目標。餐桌的擺置是為了讓每個人都能看到戶外。燈光從天花板移到餐桌的四角柱上，好讓打到每個人臉上的光線變柔和。座椅設計成高背款式，為餐會圈出一道親密的邊界。他還要求，不得在餐桌上放置任何過高的擺設，以免阻礙用餐時的視線交流。萊特把這棟房子的所有居住體驗都設計進去，從整體格局到枝微末節，無一放過。

對萊特的許多評論家甚至某些客戶而言，這實在苛求過頭；萊特的檔案裡，充斥著客戶低聲下氣請求萊特，准許他們換掉某件家具或更換窗簾的可憐信件。家財萬貫的實業家強生（Hibbard Johnson）曾打電話給萊特，抱怨屋頂出現一道裂縫，雨水滴到他頭上，大師竟然回答：「你把椅子移開不就好了？」儘管萊特是如此這般的專橫（據說他的客戶不如贊助人那麼多），但他的確是奉行這樣的信念：如果建築師想要打造的不只是住宅而是住宅的體驗，就必須讓設計和執行一起運作。

「體驗」藍圖

在大版式影印機出現之前（電腦輔助設計就更別提了），設計師必須在工作現場複製工程圖，好讓營造商及工人參考。因為他們所採用的化學複製程序會產生藍色的印線以及刺鼻的阿摩尼亞氣味，於是在製造業和營建業界，「藍圖」就成了規格說明書的同義詞。藍圖會在同一個頁面印上整體平面和特殊細部、完工目標以及實際的執行方式。就像產品始於工程藍圖、房子始於建築藍圖一樣，**體驗藍圖能提供我們處理人際互動細節的骨架**，只是沒有阿摩尼亞的臭味。

體驗藍圖和辦公大樓或檯燈平面圖的差別在於，體驗藍圖還會描繪情感元素。它捕捉到人們如何在時間中經歷某種體驗。不過，體驗藍圖的功能不是為這趟體驗之旅編排動作，而是找出最有意義的幾個切入點，將它們轉化成機會。體驗藍圖的概念是我們和萬豪酒店合作時出現的，當時，萬豪決定把焦點擺在顧客與旅館之間的第一個接觸點上，也就是辦理住宿登記時的體驗，他們認為這是顧客之旅的最重要關鍵。

萬豪已經投資了數百萬美元，打算強化他們眼中的這個關鍵時刻：建築師請了、操作手冊準備好了、廣告商也開始運作了。然而這項策略的唯一問題是：它的前提是建立在假設而不是觀察之上。萬豪的策略推想如下：當一名疲憊的旅客在櫃檯登記住宿時碰到一張和善的臉孔，這項接觸將會讓顧客接下來的旅程變得愉快舒適。然而，如果仔細觀察這整個畫面，我們就會發現，即便是在辦理住宿登記時享受到無懈可擊的體驗，它的效果也比較類似跨越最後一道柵欄，而不是通過終點線。

為了測試這個前提，我們派了一支設計團隊去機場迎接旅客，接著一路陪伴他們搭計程車或租車抵達旅館，觀察他們辦理住宿登記的所有細節，然後跟著走進客房。團隊成員發現，真正重要的時刻，是當旅客進入房間，脫下外套丟到床上，打開電視，然後發出呼的一聲。發出「呼——」的那一刻，才是最有機會展現創新的時機，我們說服萬豪把它的資源轉移到這個方向。

體驗藍圖和工程藍圖或建築藍圖一樣，也是採取實體文件的形式，指引我們如何營造體驗。但是體驗藍圖和事先準備好的腳本或操作手冊不同的是，它的目的是要把顧客體驗和商機連結在一起。每個細節（例如不清不楚的指標或心不在焉的門房）都可能破壞一段關係，但只有少數細節可以提供機會，讓你創造獨一無二、心情愉悅、令人回味無窮的體驗。擁有藍圖是一回事，更重要的是，你同時還得具備高超的策略文件和詳盡的細節分析。

從航空公司和醫院，到超市、銀行與旅館，我們可以清楚看出，體驗是一件複雜的事，可不像插入物件那樣簡單。它們會因地點不同，隨時間改變，很難做到正確。雖然設計一項體驗也可能牽涉到產品、服務、空間和科技，但體驗帶領我們超越可以輕鬆自在、用具體數字來衡量效益的世界，進入情緒價值的朦朧地帶。

最精采、最成功的體驗品牌有許多共通之處，或許可以提供我們一些指南。首先，成功的體驗需要消費者積極參與。其次，在本身就奉行體驗文化的組織中的員工，最可能提供真實、道地、令人信服的顧客體驗。第三，每個接觸點都必須徹底、精準地執行（要以製造德國車或瑞士錶那樣的仔細程度），來設計體驗、操作體驗。

Chapter 6

散播訊息，或說故事的重要性

要讓八大工業國的領袖變成公司行銷策略的一部分，可不是件容易的事，但梓井真和伊藤直樹這兩位日本得獎廣告公司博報堂的資深客戶經理，卻在他們令人激賞的「酷甏裝」（Cool Biz[5]）宣傳中，運用說故事的力量達成這項不可能任務。

二〇〇五年，在充滿想像力的小池百合子大臣領導下的日本環境省，為了如何讓日本達到京都議定書規定的溫室氣體排放減量標準一事，找上博報堂廣告公司，協助該省提高日本民眾對這件事的參與度。日本政府先前已經做過幾次嘗試，但效果極為有限。博報堂建議，製作一支廣告來動員日本社會的集體主義特質，努力達到一項明確的目標：共同減低六％的碳排放量。不到一年的時間，根據環境省委託的一項調查顯示，有高達九五・八％的日本民眾認識「酷甏裝」這個標語。

不過，博報堂團隊知道，真正的挑戰不只是讓日本民眾熟悉這個廣告，還必須讓這個廣告產生認同意義。為了完成這個難以捉摸的目標，他們徵召了一群專家，協助他們找出四百項日常生活中可能導致或減低碳排放量的活動。接著將這張清單縮減成六大行動，包括：一、夏天提高空調溫度，冬天調低空調溫度；二、關緊水龍頭節約用水；三、開車不猛催油門；四、選購重視綠能環保的產品；五、停止使用塑膠袋；六、不使用電器時關掉電源。選擇這六大行動，是為了在參與性與衝擊之間取得平衡。這些都是大多數人在日常生活中容易做到的，而且日積月累，也能對環境造成顯著的改善。

這項方案第一年鎖定的目標是空調問題。依照慣例，日本的空調系統是設定在攝氏二十六度，因此，即便在濕熱的夏天，穿西裝打領帶的男士可以舒適地在辦公室工作，但穿著短袖裙裝制服的女士，卻得用毛毯蓋住腿部保暖。這種怪現象原本就夠糟糕了，更何況背後還有我們不願面對的事實：要把建築物冷卻到這麼低的溫度，得耗費多麼龐大的能源，尤其是在盛夏酷暑那幾個月。

博報堂打出「酷懿裝」的口號，呼籲在每年的六月到十月之間，男女上班族都能換穿清涼的輕便服裝。如此一來，冷氣的溫度就能從攝氏二十六度提高到二十八度，雖然調整的幅度很小，卻能節省相當可觀的能源。不過，這個合情合理的構想可能因為根深柢固的文化習慣而無法成功，博報堂面臨的挑戰是：如何讓保守的日本上班族改變穿著方式？博報堂團隊採取的做法不是用文宣和電視廣告對民眾疲勞轟炸，而是在二〇〇五年的愛知世界博覽會上舉辦一場「酷懿裝」服裝秀，邀請數十名執行長充當模特兒，穿上圓領質輕的休閒上班服大走台步。甚至連首相小泉純

一譯註⑤：又譯「清涼商務」，指夏季穿著清涼服飾上班。

一郎也以沒打領帶的短袖襯衫形象，出現在報紙和電視報導中。

這起事件造成轟動。在日本這個階級分明的社會裡，人們習慣聽從上位者的指示，這次活動等於是宣告：為了保護環境，違背傳統（以這個案例而言就是上班服裝）是沒問題的。為了強化這個訊息，政府還分發「酷襞裝」的徽章給所有連署機構。只要員工佩帶「酷襞裝」的徽章，其他同事就不能批評他穿休閒服來上班。這是日本近百年來第二次以明文方式改變他們的上班禮儀。不到三年，日本全國共有約兩萬五千家企業簽署了「酷襞裝」，兩百五十萬人在這個廣告的網頁許下承諾。在日本，「酷襞裝」如今已解凍成「暖重裝」，鼓勵民眾在冬天節約能源，「酷襞裝」的基地也開始拓展到中國、韓國和亞洲其他地區。

博報堂將「酷襞裝」從構想轉變成宣傳，又從宣傳轉變成一項吸引數百萬人民和政治企業菁英投入的運動。它靠的不是傳統廣告，而是引發話題。因為民眾想要了解，於是報章雜誌不斷報導這個現象。黃金時段的新聞媒體也隨之跟進。「酷襞裝」變成了一則酷襞故事。

有很多觀點可以解釋人類和其他物種的差異：以雙腳行走、使用工具、語言、符號系統；說故事的能力也是我們出類拔萃的原因之一。賴特（Robert Wright）在《非零年代》（*Nonzero*）一書中指出，在人類社會四千年的歷史中，意識、語言和社會已經和說故事的技巧發展出一種親密的關係。隨著學會如何將想法傳播出去，我們的社會結構也跟著從游牧群體擴張成部落、農村，然後是城市、國家，以及接下來的超國家組織和運動。不久之前，日本人才開始想辦法在夏天把屋子弄涼快、在冬天把房子弄暖和，為的是讓他們穿著西式服裝工作時稍微舒服一點，並為自己述說相關故事。

多數人都是利用故事將想法組成脈絡、賦予意義。因此，人類說故事的能力，自然會在設計思考這種以人為中心的問題解決策略中，扮演重要角色。

在第四度空間做設計

根據先前的案例，我們已經看到說故事發揮效用的一些跡象：在民族誌實地觀察中、在我們開始為大量累積的數據找出條理的綜合階段，以及在設計體驗的時候。在這些案例中，我們談的都不只是為設計者的工具箱增加一個小零件，而是增加一整個新維度，也就是所謂的「第四度空間」：在時間軸上做設計。當我們在顧客之旅的路程上創造各式各樣的接觸點時，我們就是在將獨立的事件一一串聯起來，以循序發展的方式穿越時間。分鏡表、即興表演和劇本都是我們可以運用的敘述技巧，幫助我們以視覺化的方式，將構想隨著時間逐漸展開的過程表現出來。

在時間軸上做設計和在空間裡做設計有點不同。設計思考家必須習慣在這兩個軸線上自由移動。我是在一九八〇年代中期學到這點，當時，在電腦業工作的設計師，關心的大多是硬體（還記得那些米卡其色的電腦外殼？）。軟體依然是電腦實驗室那些怪胎的天下，並不屬於設計師，更別提教室裡的學生、辦公室的員工或家裡的消費者。但以大眾市場為導向的蘋果麥金塔，改變了一切。微笑的Mac圖形和閃著綠色游標的MS-DOS，說的是截然不同的故事。

麥金塔軟體團體核心中那些聰明絕頂的設計師，艾特金森（Bill Atkin-son）、泰斯勒（Larry Tesler）、赫茲菲爾德（Andy Hertzfeld）和凱兒（Susan Kare），當然不是當時唯一想到該如何創造無縫電腦體驗的人。一九八一年，摩格里吉（Bill Moggridge）受到剛出現的數位科技的誘惑，從英國來到舊金山灣區，開始為矽谷一家名為GRiD System的新興公司設計一種奇怪的「筆記型」小電腦。該團隊因為構想出一種又平又薄而且可以摺疊到鍵盤上的螢幕，而得到一項專利。GRiD Compass為筆記型電腦確立了標準設計，並因此贏得無數獎項。然而，只要一打開電腦，恐怖的DOS操作系統頓時讓先前的美好體驗煙消雲散。即便是最簡單的操作，都得鍵入一大串宛如天書的指令，這些指令和日常經驗完全連不上關係——和可以像筆記本一樣合起來收起公事包裡的精巧造型，構成強烈對比。

受到Mac和GRiD的啟發，摩格里吉決定，必須讓專業設計師在軟體發展上扮演一定的角色，也就是說，設計師不只要掌管電腦的外觀，還必須介入電腦的內在。他為此提出了一個新領域：互動設計。我在一九八八年加入摩格里吉舊金山的ID Two團隊時，與一小群互動設計師合作了電腦輔助設計、網路管理，以及之後的電玩遊戲和各種線上娛樂系統。對一個習慣設計實體物品的工業設計師而言，要設計一系列隨著時間變化的動態互動，的確是一大變革。我理解到，必須深入了解我的設計對象。除了思考他們使用的物件，我還得思考他們的動作，兩者一樣重要，摩格里吉不斷提醒我們：「我們是在設計動詞而不是名詞。」

設計互動產品，也就是允許故事隨時間展開。這項體認讓互動設計師開始實驗從其他設計領域借來的敘述技術，像是分鏡表和腳本等。例如，設計師在為Trimble Navigation公司設計現代GPS系統的老祖宗時，說了一個水手如何從某港口航向下一個港口的故事。每個場景所描述的重要步驟，將來都必須設計到系統裡。早期的互動設計師常常會把規則制定得太過詳細。如今，他們已學會放手，懂得給使用者更大的空間，讓他們決定故事該如何說下去。現在，幾乎每樣東西都含有互動成分。軟體和裝載軟體的產品之間的界線變模糊了，以時間為基礎的設計技巧，已進駐到設計的每個領域。

帶著時間去設計

「服藥順從度」（adherence）是現今讓健保系統傷透腦筋的諸多問題之一。每當醫生診斷出某種疾病，病患往往不會在治療期間遵照醫生指示服用處方藥。製藥業者基於自身利益的考量，非常關心這個問題：藥品公司每年因病患放棄藥物治療而損失數十億美元。不過，服藥順從度的確是個嚴重的醫療問題。套用習慣直言的美國前衛生局局長寇普（C. Edward Koop）的名言：「如果民眾不吃，藥丸根本沒效！」碰到心臟病或高血壓之類的慢性疾病，可能造成病人的情況惡化；對接受風濕病抗生素治療之類的病人而言，則可能因此產生抗藥性，導致需要更大的劑量。

IDEO曾與數家藥廠針對特定藥物進行服藥順從度研究。需求說明：藥品公司花費數百萬美元促銷藥品，往往還採用十分積極的行銷技術，然而一旦病患停止用藥，他們只能白白損失大筆的治療和商業利益。製藥公司是採用傳統販售產品的做法，而不是創造體驗讓病患能隨著時間不斷投入。製藥公司與其用令人不悅的業務拜訪去騷擾醫生，或用令人厭煩的電視商業廣告去轟炸大眾，還不如運用設計思考，去研究藥丸這門生意的新走向。

醫療有三個自我強化的階段。一、病患必須了解他的病況；二、接受自己必須治療；三、採取行動。這個以時間為基礎的「服藥順從迴路」暗示我們，這是一個由不同時間點所構成的架構，其中的每個點都可以提供病患所需的正向增強。我們可以設計更好的資訊教導民眾了解他們的疾病；可以用更好的方法來執行和管理藥物治療；病患可以在「服藥順從之旅」沿線找到支援團體、網站，以及由護士擔任接線生的服務熱線。不同的疾病治療會有各自專屬的工具組，但有兩點原則是共通的：第一、和所有以時間為基礎的設計專案一樣，每位病患所經歷的旅程都該是獨一無二的。其次，邀請病患在自己的故事裡扮演積極參與的角色，效果應該會最棒。在時間軸上做設計意味著：把民眾當成會呼吸、會成長、會思考的有機體，可以協助我們寫出他們的故事。

新構想的政治學

隨著時間展開、讓人積極投入並可訴說自身故事的體驗，可以解決所有新構想成形之路時的兩大障礙：一、取得自身組織的支持；二、將構想推入世界。構想可能是一件產品、一項服務或一個策略。

大多數的好構想之所以夭折，多半是因為在波濤洶湧的組織惡水中滅頂，而不是不受市場歡迎。凡是稍具複雜度的組織，都得在多如牛毛的利益競爭中保持平衡，而新構想就如哈佛大學創新大師克里斯汀生（Clayton Christensen）所說，具有破壞性的。如果它是貨真價實的創新，就會對現狀構成挑戰。這類創新往往會同類相殘，威脅到先前的成功者，讓昨天的創新派淪為今日的守舊黨。它們會奪走其他重要專案的資源；它們會讓經理人的日子更難過，因為它們提出的每項新選擇都帶有未知的風險，就算不做任何選擇也有風險。把這些可能的障礙一一考慮進去，我們就會發現，新構想要在大組織裡一路闖關通過，簡直就是奇蹟。

所有好故事的核心，都是關於構想如何以強有力的方式滿足某項需求，例如，和住在城市另一頭的朋友協調晚餐日期、在開會時注射胰島素但不引起注意、從石油動力車改開電動車。隨著故事展開，故事會賦予每個角色不同的目的，並和其他角色產生關聯。故事必須說服我們，而不是用多餘的細節來淹沒我們。故事可以用各種情節詳細鋪陳，讓人相信那似乎就是真的。故事必須讓觀眾相信組織的「說法」，相信組織會讓所有需要成真。實耐寶（Snap-on）集團的一群主管們發現，以上這些全都需要技巧和想像力。

從家裡附近的加油站到主要航空公司的大型維修場，亮紅色鑲銀邊的實耐寶工具箱，已成為各地機械工廠的象徵符號。總部設在威斯康辛州的這家公司，知道電子化產品是他們的未來命脈，但沒有把握能針對這類產品提出令人信服的故事。每個修車工人對自己拿在手上的工具都有很深的情感，電子診斷工具雖然可以盤檢車上主機，找出哪裡有問題和哪裡需要修理，但是要把冷冰冰的電子工作個人化，就不是那麼簡單。在實耐寶看到問題的地方，IDEO的設計團隊卻看到機會，可以讓他們訴說一則新的故事。

確定簡報的方向之後，設計團隊在距離帕羅奧圖總部幾個路口的地方，接收了一家廢棄的修車廠。經過一個禮拜的瘋狂行動，他們把那個地方改造成一個結合時間與空間的敘事，想必會讓客戶難以忘懷。到了最後展示那天，實耐寶訪問團帶頭走向修車廠，車廠前面停了一排法拉利、保時捷和BMW，全都噴上了實耐寶的銀紅標誌。

經過美酒加乳酪的迎接活動之後，設計團隊在車庫的主隔間裡，為實耐寶的主管們做了一場簡報，然後帶領他們走進一個宛如博物館的房間，裡面展示著鼓舞人心的手工製品，最後來一場放映會，由職業技工們談論實耐寶這個品牌。當實耐寶的主管們從這座臨時劇場被帶進漆黑房間的那一刻，這個故事達到了最高潮。當燈光亮起時，他們發現四周擺滿了新一代檢測工具俐落洗練的原型，它們已經從平凡無奇的電腦，轉變成實耐寶板手和工具箱的高科技姊妹。根據新品牌策略設計的廣告海報，沿著牆面排列。當執行長和總裁開始操作模型的時候，贊助這項專案的行銷副總裁站在一旁，眼淚涔涔流下。雖然不是每次都得把你的觀眾搞哭，不過要把一個好故事說得漂亮生動，一定要傳遞出打動情感的力量。

當故事的重點就是故事本身

設計思考可以協助新產品問世，但有時，故事本身就是最後的產品——這時，要介紹的重點就是演化生物學家道金斯（Richard Dawkins）所謂的「迷因」（meme），一種可以自體繁殖，可以改變行為、感知或態度的構想。在今日這個喧囂嘈雜的企業環境中，由上而下的權威已經飽受懷疑，中央集權的行政管理也不再有效，具有改革能力的構想，必須靠自己的力量擴散傳布。如果員工或顧客不知道你要去哪裡，他們就無法協助你抵達該地。這點對科技公司和產品不容易被人理解或認識的其他產業而言，尤其重要。

晶片設計師活在電腦工業的密室裡。少了他們什麼都無法運作，但無論他們的貢獻有多大，你都很難替裝在飛機內部、裝在工具內部，或裝在盒子內部的微晶片打造一個專屬品牌。而這正是貼在全世界無數台電腦上的那張小小的「intel inside」貼紙的天才之處。英特爾在高度競爭、科技優勢轉瞬間即失的電腦產業裡，打造了一個強而有力的全球品牌。對消費者而言，雖然這個品牌的產品他們看不到也摸不著，但還是充滿了意義。

近來，為了追求史丹福組織行為教授希思（Chip Heath）所謂的「創意黏力」（idea that stick），英特爾已經更上一層樓，從藉由貼標籤進化到利用說故事來開拓電腦的未來。征服桌上型電腦之後，英特爾開始推廣行動計算。這些專案通常會在諸如「英特爾發展者論壇」這類影響深遠的產業盛會中亮相，不過，要陳列一項還沒創作出來的東西，並不是件容易的事。坐來下看影片會簡單一點。

我們大多數人已經習慣把「筆記型電腦」裝在公事包或背包裡到處跑，但英特爾想要展現的是，生活在超行動計算的世界會是何種面貌：我們可能會把下一代的智慧型手機和其他裝置二十四小時隨身攜帶。和英特爾共同創造「未來展望」（Future Vision）專案的設計團隊，利用洗練的電腦繪圖，製作了一系列電腦腳本，企圖呈現出在不久的未來，我們會如何將行動計算融入日常生活的律動：一名講華語的生意人，一邊找路前往美國合夥人的辦公室，一邊為棘手的協商會議做準備；

一名慢跑者在跑步時收到一封Wi-Fi通知，提醒他下午的會議提前到早上八點半；購物者上網比價；朋友們同步調整彼此在城裡的行動。設計團隊甚至把「未來展望」上傳到YouTube，點閱人次已超過五十萬。

英特爾不必跑到好萊塢去拍「未來展望」。設計團隊和一群優秀的電影工作人員，只花了幾週的時間和傳統廣告費用的零頭，就完成整個專案。不需花大錢，也能把故事說到打動人心，甚至創造高水準的生產價值。

繁殖信念

想要讓構想安全通過危險重重的組織流程順利上市，在這個過程中，說故事也能發揮另一個重要而明顯的角色：將構想的價值傳遞給目標聽眾，而且至少能說服其中某些人願意走出去買下產品。

對於廣告說故事的能力，以及為新產品創造迷思的本事，我們都很熟悉。還記得一九七〇年代，我在英國盯著偉大電視「廣告」哈姆雷特雪茄、絲剪香菸（Silk Cut）和卡德貝里馬鈴薯泥（Cadbury's Smash）的情景，那時我還是個小鬼。這些廣告都很聰明、迷人、有趣。在那個時代，廣告是消費經濟齒輪的潤滑油，也確實能和比較樂觀、比較不愛猜疑的大眾產生共鳴。然而，即便在那個時代，也已經有些徵兆暗示我們情況正在改變：我愛那些廣告，但我並沒有因此愛上抽菸，而卡德貝里馬鈴薯粉的味道，直到現在還讓我覺得有點噁心。

很多觀察家都對傳統廣告的效用遞減發表過評論。其中最簡單的理由之一是，閱讀、觀看或聆聽傳統廣播媒體的人數變少了。不過，還有其他原因讓三十秒的電視廣告不再能扮演傳播新構想的有效方式，例如斯沃斯摩爾學院心理學家史瓦茲（Barry Schwartz）指出的「選擇的弔詭」（the paradox of choice）。大多數人其實都不想要更多選項；他們只想要他們想要的。當我們被一堆選擇淹沒的時候，往往會掉入史瓦茲所謂的「極大化者」（optimizer）的行為模式——這些人會擔心，是不是只要再多等一會兒或再多找幾家，就能用他們認為最理想的價錢買到想要的東西，而這樣的擔心讓他們的購買行動陷入癱瘓。這個問題和「汽車」等於黑色福特T、「電話公司」等於AT&T的時代已經不同了。另一個陣營是所謂的「滿足化者」（satisficer），他們已經放棄任何消費選擇，願意忍受任何東西，只要可以用就好。這兩種人不管哪一種，都無法讓行銷部門感到開心，情況逼得行銷人員不得不使出孤注一擲的措施，但對結果卻毫無把握。我想，我肯定不是唯一一個記得某支廣告的內容，卻怎麼都想不起來它究竟是要提供哪項金融服務、紓解哪種疼痛或限時提供哪種優惠的人。

從設計思考者的角度來看，新構想如果要讓人聽進去，就必須以令人信服的方式訴說有意義的故事。廣告依然有它的角色存在，但不是作為向民眾轟炸訊息的媒體，而是一種手段，協助觀眾把自己轉變成說故事的人。凡是對某項構想有過正面體驗的人，應該都有能力把該構想的基本特質傳達給其他人知道，讓他們願意嘗試。美國銀行推出成功的「保存零頭」專案時，的確打了很多廣告，但這些廣告主要是建立在多數顧客行之有年的習慣上，讓他們自然而然成為該項專案的宣傳者。

我們在很多例子中都可以看到，觀眾因為一則精采動人的故事而沉醉在時間這個媒體當中，甚至在裡面玩出自我。當MINI Cooper在美國上市時，寶馬公司就是運用精采的說故事手法來行銷這個品牌。標準的電視汽車廣告，通常是讓汽車翻山越嶺或把裝扮優雅的貨物送到某家時髦餐廳門口，不過創意獨具的克里波柏（Crispin Porter + Bogusky）廣告公司，並沒有採用這種令人厭煩的橋段，而是極力誇耀這款汽車的小巧、精明和挑釁。他們的「Let's motor!」廣告，會讓人想起大衛和巨人哥利亞的故事，瘦小的MINI勇敢對抗巨大的美國競爭者。MINI的看板廣告四處可見，巧妙的視覺雙關語會讓人不由自主地針對廣告看板中MINI所在的都市環境（還有看板所在的都市環境）編起故事。雜誌所夾贈的別刊裡，還附有可摺疊的MINI。讓美國汽車業尤其惱火的是，職業駕駛們把MINI綁在越野車頂上，開著它們穿梭在曼哈頓的大街小巷！只要簽下附有「The Sucky Financial Bit」標題的文件，顧客就可以得到一個個人網頁，在上面追蹤你購買的那部MINI的建造進度。以上這些聰明的行銷手法，不但執行得非常完美，同時還帶動人們的討論，讓民眾也變成故事的一部分。

好挑戰的挑戰

在設計思考家的工具箱裡，幾乎沒什麼把戲比觀察更有趣，比「設計挑戰」更能創造豐盛的結果。這項練習是採取結構性競爭的方式，由敵對小組針對單一問題進行攻擊。最後通常會有某個小組勝出，但這項練習所動員的集體能量和才智，讓每位參與者都成了贏家。最近，灣區一家引領潮流的藝術學校，邀請IDEO協助他們想像學校的未來，我們撥出十分有限的預算中的大部分經費，僱請該校的設計系學生，組成不同的敵對小組解決這個問題：得到的結果超乎所有人的預期。

打造出「酷斃裝」宣傳活動的日本廣告公司博報堂，它們的創意團隊實驗了另一種設計挑戰的手法。當時，國際牌的電子部門正在為它的氫氧電池奮戰，這種電池比一般的鹼性電池更有力也更持久，但除此之外，其他部分都和無數競爭對手沒什麼差別。博報堂並沒有採用正常的廣告手法，宣傳氫氧電池所使用的科技如何領先，而是提出一個簡單的問題：「人可以單靠家用電池的電力飛起來嗎？」

一群來自東京工業大學的學生工程師，花了四個月的時間，設計和建造一架電池發電的領航機，與此同時，還有一個電視節目持續追蹤他們的進度，以及一個網站負責點燃大眾的好奇和建立支援網。二〇〇六年七月十六日清晨六點四十五分，共有三百多名記者在現場目睹那架飛機從臨時跑道起飛，在一百六十顆氫氧ＡＡ電池的支撐下，爬升到將近四百公尺高的空中。所有的日本新聞頻道都報導了這次飛行，這個故事還找到管道進入國際新聞網，包括ＢＢＣ和《泰晤士報》。根據國際牌公司的估計，這起事件所引發的新聞報導，至少價值四百萬美元，氫氧電池的品牌識別度，也立刻上揚了三十個百分點。博報堂和國際牌公司利用簡單的設計挑戰，把廣告整個顛倒過來。那架飛機最後還被收藏在國立科學博物館裡，這是勁量兔子無法分享的榮耀！

這是史上頭一回電池動力載人發行，在這之前十年，太空飛行行動主義者戴曼德斯（Dr. Peter Diamandis），也曾以一次戲劇性的設計挑戰，擄獲大眾的想像力，進而激發了一項重要的科技創舉。根據一九九六年發布的第一屆安薩里Ｘ大獎

（Ansari X Prize）的規定，參賽的非政府團隊必須建造可以搭載三人的太空船，並將太空船和三名人員發射到距離地表一百公里遠的太空，而且必須在兩週內重複一次這項壯舉。這項挑戰非常成功。總計有來自七個國家的二十六個團隊，投下超過一百萬美元的費用，終於在二〇〇四年十月四日，由魯坦（Burt Rutan）的美國縮尺複合體公司（Scaled Composites）製造的太空船一號（SpaceShipOne）奪得大獎。從那之後，企業投資於支持私人太空飛行產業的金額，已超過十五億美元，當然，大部分還是得歸功於X大獎的挑戰。X大獎基金會已經把它的「競爭創造革命」專案，延伸到超效能車、基因體學和登月機器人。其他許多組織也正在追隨戴曼德斯的典範。

設計挑戰不只是一種宣洩競爭力的好方法，還可以創造以構想為核心的故事，將民眾從被動的觀看者，改造成積極的參與者。人們喜愛追隨冒險人物的想法，因為他們努力對抗，追求不可能的任務。真人實境秀就是利用人們迷戀未知結果的心理，但是諸如X大獎基金會這樣的組織，則是讓我們看到，同樣的迷戀也可以被動員來實現科技夢想，追求更深遠的人道目標。

從追求數字到服務人類

故事要說得精采有效，變成大規模宣傳活動的一部分，利用時間因素來推動整合性的設計思考方案，必須倚靠兩個關鍵時刻：開始以及結束。前端部分，必須從專案初期就開始說故事，然後將故事穿插到創新過程的每一個面向。以往常見的做法是，設計團隊會在最後階段邀請寫手加入，負責專案完成後的記錄工作。不過我們越來越常看到寫手在第一天就加入設計團隊，同步發展專案的故事；在尾端部分，當目標讀者掌握了故事的脈絡之後，故事會產生吸附牽引的力量，屆時就算專案團隊早已解散，分頭去推動其他案子，受到故事激勵的讀者還是會帶著故事一直往前走。

美國紅十字會救助弱勢團體的方式很多，其中最重要的一種，就是大規模的收集捐血。這個由志工經營的組織前往學校和工作場所，設立為期一天的捐血站。然而近年來，捐血族群持續減少，因此紅十字會決定應用設計思考來完成這項挑戰：讓美國的捐血人數從總人口的三％提高到四％。這意味著把問題從百分比轉移到更以人為中心的焦點：是哪些情感因素促使人們捐血或不再捐血？我們該如何改善捐血的體驗，好讓更多人願意捐血？

IDEO和紅十字會攜手合作，研究各種改善臨時捐血站的做法，希望一方面能讓捐血者更加舒適，一方面也能讓志工人員輕鬆架設和收整。我們討論出許多實際可行的構想，包括兩兩疊放就可以變成家具的儲存裝置，以及移動式車輛系統等。但在不斷重複的定點觀察中，設計團隊注意到，有一項細節傳達出以人為中心的新導向，那就是：很多來捐血的人都抱持強烈的個人動機，有些是為了紀念失去的家人、有些則是某個親密友人曾因獲得捐血而保住一命。他們訴說的故事非常動人，而這些故事往往就是捐血者一捐再捐，甚至邀集朋友、同事共襄盛舉的理由。

設計團隊做出決定，認為更好的招牌或更舒適的座椅，都比不上邀請民眾分享故事，並藉此強化捐血的情感因素。這項舉動會讓來過的捐血者認為，個人的經驗和某個更大的世界產生了聯繫；新來的捐血者則會從這項利他行為背後的種種動機中，領會到某種人生情感。在這項新的體驗中，捐血人會在登記時拿到一張卡片，邀請他們簡單寫下捐血的理由。願意露臉的人，可以把他們的照片附在卡片上，然後張貼到等待區的布告欄。有什麼比說故事以及與他人分享故事更簡單的呢？每個人去到那裡的理由各不相同，但卻有一個共同的信念把彼此連結起來。

我們在北卡羅萊納州打造了一個原型，得到的結果很棒，美國紅十字會正準備在明尼蘇達州和康乃迪克州推行全面試辦專案。

三十秒電視廣告後的人生

食物過剩、服務過剩、資訊過剩，我們這個時代的全面過剩特質，是造成傳統廣告式微的原因之一。另一個理由則是我們越來越複雜、越來越世故了。由於今日我們可以取得的資訊量已超過父母輩所能想像的程度，我們的判斷自然更複雜，選擇也更敏銳。只要看看小時候那些叮噹閃亮滑稽好笑的廣告有多過時，就知道那個時代已經離我們多遙遠。今天，不可能再用三十秒的電視廣告來賣洗衣粉，更別提地球暖化這類迫切的議題。

因此，設計思考家的工具箱裡必須要有說故事這項法寶——這裡指的不是井然有序、有開頭、有劇情發展、有結尾的那種故事，而是持續鋪陳、終點無限的敘述，可以讓人們融入其中，進而自行延伸發展，寫出各自的結局。高爾（Al Gore）在奧斯卡最佳紀錄片《不願面對的真相》（*An Inconvenient Truth*）裡，就是運用這種方式成功創造了一個強有力的故事。在影片結尾處，這位諾貝爾和平獎得主、奧斯卡金像獎得主，以及他在自我介紹中所說的「美國前下任總統」，把地球暖化的證據呈現在觀眾面前，要求他們把這當成自己的問題。

「設計」不再是專案上市之前匆匆套上去的風格姿態。目前正在世界各地的公司和組織中發展成形的新做法是，把設計拉回到產品概念的最初階段，然後一路伴隨到最後的執行階段——甚至延伸到未來。允許顧客自行寫下故事的最後一章，只是設計思考正在發揮作用的又一個例證。

在先前的每一章裡，我都試圖界定源自設計社群的種種技巧：實地觀察、原型製作、以視覺方式說故事，這些都是以人為中心的設計過程的核心。我在這些研究中提出兩項論點：第一，此刻正是讓這些技巧向外拓展到組織各層面，以及向上提升到領導最高層的時刻。每個人都能實踐設計思考。包括「長字輩」——執行長、財政長、技術長和營運長——在內的每一個人，也都能精通這些思考流程。

在接下來的第二篇裡，我會清楚闡述我的第二項論點：當設計思考開始走出設計工作室，進入公司、服務部門和公共領域，將可以幫助我們處理比先前更加廣大、更為重要的問題。設計可以改善我們此刻的生活，設計思考則可以引領我們航向未來。

Part 2

設計思考怎麼做？

在本書第一篇，我們看到企業領袖、醫院行政人員、大學教授和非政府組織如何開始整合設計者的種種方法，以及設計者如何把他們的觸角從製作物品延伸到為服務、體驗和組織塑形。

第二篇一開始，我們將提出一些案例研究，說明當設計思考方法學的各項因素匯聚成完整統合的策略時，將造成怎樣的改變。

接下來，我會把視野轉向未來：我們該如何應用這套架構去處理今日企業和社會所面對的問題？世界瞬息萬變，位於關鍵浪頭上的我們，單是尋找新的問題解決方法還不夠，更要找出亟需解決的新問題。

Chapter 7

設計思考運用到組織，或教企業捕魚的方法

在一九九〇年代早期，諾基亞（Nokia）一直是全世界最成功的手機製造公司，從慕尼黑到孟買、從蒙特婁到墨西哥市，全都是它的稱霸範圍。其地位雖早已讓給蘋果、三星和華為等公司，但仍有可借鑑之處。諾基亞在一八六五年創立時，原本是一家生產紙漿與造紙的工廠，後來經歷一連串投資，從紙業轉型到橡膠、電纜、電子，乃至最後的手機。高超的科技本領加上組織創新和頂尖的工業設計，讓諾基亞一直保持遙遙領先的地位。

然而，網路改變了遊戲規則：已開發國家的消費重點，從裝置本身轉向裝置所提供的服務，而在新興經濟體中，許多民眾的上網初體驗不是透過昂貴的個人電腦，而是便宜的手機。諾基亞看到這項趨勢，並在二〇〇六年開始為其硬體驅動的策略商討替代對策：派科技專家、人類學家和設計師前往世界各地，調查消費者如何溝通消息、分享資訊和自我娛樂。團隊將這些調查結果以故事形式匯報給公司管理高層，包含實地調查和未來展望的情境，目的是展現這些新興行為如何在整合平台中構成一種無縫體驗。

諾基亞開始進化——用矽谷流行的行話來說就是「pivot（策略轉向）」，從硬體製造商轉為服務提供商，但改變過小、為時已晚。世界變了，競爭者已磨刀霍霍，而在二〇一四年諾基亞將手機業務賣給微軟。

我們能從這個例子中學到，在極端情況下過度依靠一項技術、或僅依靠技術都有風險。現今最進步的企業都跳脫自身核心產品思考，並學習探求何為人類最想要的事物本質：一支造型酷炫的摺疊式手機，或是全面連網？一輛時髦的新車，或是行動能力？一項昂貴的醫藥療程，或是健康？國民生產毛額（Gross National Product），或不丹（Bhutan）憲法明文規定的國民幸福毛額（Gross National Happiness）？

重新省思核心業務策略（就算有時會因此痛苦、不平又混亂）的想法，並非憑空出現，而是源自於人們自二次大戰結束之後，對於科技角色持續不斷地重新評估。

設計思考是一種有系統的創新

一九四〇年，正逢大不列顛戰役最黑暗的時刻，知名的電影導演詹寧斯（Humphrey Jennings）拍了一部激勵人心的新聞影片：「倫敦可以堅守！」（London Can Take It!），振奮全英國的士氣。六年後，戰爭結束，民主獲勝。當時，大不列顛正在為戰後的經濟復甦奮戰，工業設計委員會為了提振國人，這次辦了一場野心勃勃的展覽會——「英國可以做到！」這場內容龐雜的展覽，佔據了維多利亞暨亞伯特博物館九萬平方英尺的面積，向世人預告，已開發國家將如何利用戰爭期間的各種突破性發明，從電子學到人機工程學，來喚醒消費者的需求。

戰時的緊急狀況，逼迫政府投下史無前例的大量投資。戰後，主動權交回到私人企業。研發實驗室在各行各業都很盛行，從農業到汽車，從紡織到電訊，裡頭擠滿了來自美國、歐洲和日本技術大學的畢業生。而一九五一年的不列顛展和隨後的世界博覽會這類主要展覽，則是一再重申以下信念：科學可以回答我們的所有問題，科技會把科學轉換成物品，滿足我們的需求。

公司研發實驗室的穩定成長，是戰後那幾十年間最顯著的企業特色之一，美國研發實驗員工的數量，從一九五八年的兩萬五千人，成長到今天的一百多萬人。幾個科技創新集中地也開始浮現——美國麻省一二八號公路沿線、英國劍橋、東京郊區，以及北加州矽谷這個最成功的代表。第一個展現成果的部門，是消費品製造業。接著是電腦和通訊硬體、軟體應用程式，以及網際網路，每一個都是帶動經濟成長的火車頭。研發變成競爭取勝的途徑。

然後，就像諾基亞的例子所顯示的，大公司逐漸發現，完全倚賴高超的科技本領，對今日的市場而言已不像過去那樣有效。一些大型研發實驗室，例如全錄公司的帕羅奧圖研究中心和貝爾實驗室，如果不是整個消失無蹤，就是失去了以往的特權。許多公司的研究計畫，相繼從長程的基礎研究轉移到短期的應用創新。

這未必是壞事。科技取向的小公司和具有創新精神的新興企業，往往比卓然有成的大集團更佔優勢。正如「需求性—可行性—存續性（desirability, feasibiliy, viability）」這三大準則所指出的，一家從技術可行性取得創新的公司，不論在這方向有任何新發現，都必須調整其他兩項因素作為因應。對新公司而言，最後的企業模式一開始或許並不明顯，在這種情況下，彈性應變就是一項巨大資產。Google就是在運作了相當一段時間之後，才發現到連結搜尋所具有的廣告力量。而當初有本事把全錄的研究結果帶入電腦介面領域，以Mac桌上電腦圖形和滑鼠形式送進市場的，也是初出茅廬的蘋果電腦，而不是全錄這個大巨人。

大公司的優勢在於，比較容易從現有市場內部尋找突破，但技術精湛並不保證可以成功。比較有意義的做法，或許是從以消費者為中心的觀點來進行創新，讓既有資產發揮最大效益：廣大的顧客群、知名度與信用兼具的品牌、經過時間考驗的客戶服務和支持系統，以及廣大的配銷網和供應鏈等。這種以人為中心、以需求性為基礎的取向，正是最適合設計思考發揮所長的領域。寶僑、耐吉、康尼格拉食品（ConAgra）和諾基亞這些性質差異甚大的公司，都是在設計思考的協助下確立領導地位，避開過度依賴科技和孤注一擲的風險。

利用設計思考經營創新組合

在IDEO這樣一個怪胎不少的組織裡，羅德里奎茲（Diego Rodriguez）和賈克比（Ryan Jacoby）顯得特別突出。這兩人和他們的大多數同事一樣，都有亮眼的設計證書，但兩人另外還有企管碩士的頭銜。有很長一段時間，我們一直避免雇用商學院的畢業生，不是因為他們不夠聰明或者會在腦力激盪時穿著西裝出席，而是因為我們認為，他們恐怕得熬上一段時間才有辦法適應設計思考所要求的異中求同方式。不過對於這點，我們必須重新考量。

首先，許多企管碩士的課程已經開始處理創新理論和實務，而且有越來越多畢業生被找來解決設計師提出的問題。甚至有些地方，包括史丹福的哈索普萊特納設計學院、柏克萊的哈斯商學院以及多倫多大學羅特曼管理學院，這些商學院的學生還得直接處理設計專案。而且至少有一所學校：舊金山加州藝術學院，認真奉行彼得斯（Tom Peters）廣獲報導的「**藝術碩士就是新品種的企管碩士**」，並在繪畫、版印和攝影等課程之外，開設設計策略的企管碩士。如今，有一群達到臨界量的商學院學生所受的訓練，是在為非傳統的設計思考實務做準備。

其次，商業思考是設計思考不可或缺的一部分。設計解決方案必須借助複雜精細的分析工具，像是發現導向型規劃、選擇和組合理論、前景理論和顧客終身價值等，這些都是在商業部門演化出來的。無情的商業世界可以幫助設計團隊以更負責任的態度思考種種限制因素，甚至可以幫助設計者在專案進行過程中測試這些限制。例如，在為電子銀行製作原型時，互動型設計師可能會遵循設定好的財源和廣告，在使用者的體驗品質上做妥協；而團隊中的商業導向設計師，則可能會評估廣告的替代方案，像是訂閱或介紹費等。這樣的協作過程可以讓每個人以創意方式評估創新方程式中的「存續性」元素，而不是只作為事後的市場分析。

羅德里奎茲和賈克比會在專案進行過程中，運用他們的商業專長，思考公司可以如何將這些以設計為基礎的創新做出最好的組合。他們兩人以自身的案例研究為基礎，發展出一項名為「成長之路」（Ways to Grow）的工具（請見上圖），可評估組織內部的創新努力。縱軸代表從現有的產品供應到新的產品供應，橫軸代表從現有的使用者到新的使用者，公司可以利用這張圖表掌握全局，取得平衡。

位於左下區塊的方案（靠近現有產品供應和現有使用者）通常是用來增加產值。它們很重要，而且事實上，一家公司的創新主力約莫都是投注在這一類型，包

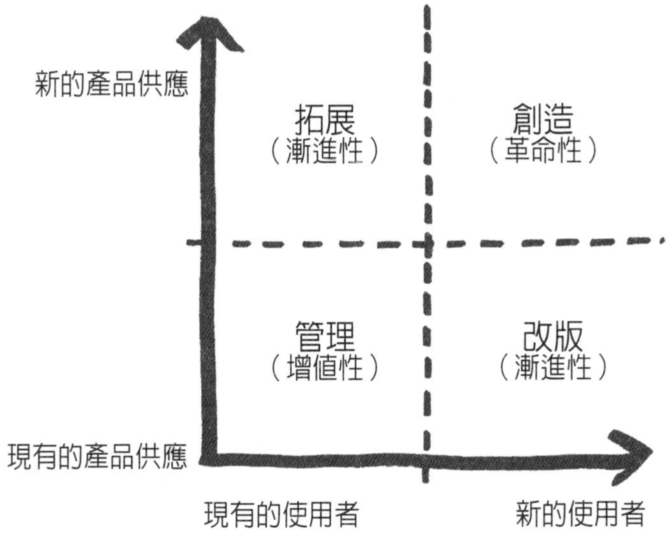

括擴大成功品牌的市場，或是把現有產品循環再利用。每家超市的廊道上都堆滿了各種增加產值的創新：幾十種口味的牙膏全是增值創新的產物，結果通常就是為製造商提高銷售量。就汽車工業而言，由於模具的費用可能高達天文數字，因此絕大多數的努力都集中在增值創新：改善現有車款或擴大現有系列。在這波金融海嘯中，全世界的汽車工業都受到波及，叫苦連天，但底特律「三大車廠」因為只把焦點集中在增值創新，所以遇到的麻煩最嚴重。

除了穩固公司基礎的增值性專案之外，將既有基礎延伸到新方向的漸進性專案也很重要。有兩種方法可以達到這項比較具有冒險性的目標：一是拓展現有的產品供應，解決現有客戶未滿足的需求；二是將現有產品進行改版，以符合新客戶或新市場的需求。豐田的油電混合車Prius，就是漸進式創新的範例。當豐田的美國競爭者順著當前不斷加大的越野車浪頭，拚命往前衝的同時，豐田卻利用靈巧的工程和偉大的設計，抓住節能個人車這個剛浮現的新需求。可以讓顧客省下大量油耗的Pirus時運極佳，上市的時間正好碰到美國汽油價格飆漲。不過Prius的真正創新，不只是混種的電動馬達，還包括大型的彩色資訊顯示器，可以讓駕駛者看到每分鐘的油耗數據，隨時刺激駕駛人改善燃油效率。因為豐田不只投資增值性創新也投資漸進性創新，因此可以在這場經濟風暴中屹立不搖。

漸進性創新如果順著使用者的軸線發展，就牽涉到將既有產品改版，降低產品的製造費用，藉此拓展銷路。印度塔塔汽車（Tata Motor）那款引爆話題的迷你車Nano，就是根據這個概念發展出來的。Nano既不是新車也不是原創車，歐洲的迷你車款早在一九五〇年代就已問世。不過，一輛要價一萬兩千美元的馬自達智能車，對印度市場而言實在太貴。為了回應這項需求，塔塔集團推出了Nano，這款汽車配備了消費者渴望的大多數功能，但價格卻少了一大半。Nano的二汽缸引擎比先前的所有引擎更小巧也更輕盈，得以壓低製造費用。電子引擎管理系統可以讓每加崙汽油行駛五十四英里的距離，污染排放量更遠低於在印度擁擠街頭橫衝直撞的百萬輛摩托車。由於專案售價只要兩千美元，Nano擺明是要攻佔先前汽車製造業者無法進入的市場。

最具挑戰性同時風險也最大的創新類型，是以新產品瞄準新使用者。這種革命性創新可以創造全新的市場，但發生的機會相當罕見。Sony曾以隨身聽寫下這項功動，二十年後的蘋果則是用成功耀眼的iPod做到這點。在這兩個案例裡，新科技都不是重點，但這兩家公司都成功創造了一個不同形態的音樂體驗市場。

相反的，賽格威（Segway）自動平衡電動移行機就是個值得借鏡的失敗案例。以「系列發明家」自居的卡曼（Dean Kamen）發現，在都會生活中，有些距離用走的太遠，但又沒遠到需要開車的程度，碰到這種情況，似乎需要一種新的交通工具。於是，他運用複雜精密的迴轉科技，發明了一種靈巧的雙輪車，可以自動保持平衡，讓旅人沿著城鎮街區的人行道快速移動。

乍看之下，賽格威電動車就像是標準的破壞性發明。它為一項多數人不曾察覺的問題提供全新的解決方案。沒想到，結果卻讓原本信心滿滿的出資人大失所望。一般很容易把問題歸咎於超過四千美元的定價，但我認為，最大的問題在於，賽格威並未針對民眾如何將這款電動車納入日常生活，進行以人為中心的深入分析。只要看看早期使用者如何拖著賽格威一步步爬上公寓、瞧瞧一群早有自覺的旅客咻咻急駛過艾菲爾鐵塔，或是聽聽郵政工作者無法找到壽命夠長的鋰電池足以完成一趟任務，就知道這項發明並不是創新。如果有一個多領域的設計團隊進行實地調查、了解都會生活的實況、指揮類比觀察、創造腳本和分鏡表、腦力激盪到深夜、製作簡略的初期原型，以及供真實使用者在真實情境中使用的後期原型，然後在設定單一概念之前多想想各種可能性。那麼這會兒，我們很可能都開著賽格威在街道上奔馳了。

「成長之道」是設計思考的一項工具，公司可以利用它來管理創新組合，在變動不居的世界中保持競爭力。雖然想像力可能引爆一生一次的巨大成功，但這種情況畢竟很少，而且久久才有一次。不過，如果因此把焦點全集中在增值專案，想用最容易的方式達到可預期的結果，也很危險，因為這種短視近利的做法，會讓公司無法承受不可預期的事件，很容易受到塔利布（Nissim Nicholas Taleb）所謂的「黑天鵝」的傷害。改變遊戲規則的事件隨時都可能發生，而且會將最嚴謹的商業計畫整個打亂。整合性的數位音樂推翻了Sony。傳統的音樂出版產業完全沒有預料到網際網路的破壞性衝擊，被打得毫無招架之力。

壓低音量、安靜進行的佳士得和蘇富比拍賣室，敵不過喊聲四起、喧囂競價的

eBay。儘管這些都是事後諸葛，但二〇〇八年的金融風暴證明了，沒有什麼公司「大到不能倒」，即便是體質最健全的組織也要事先買好保險單。下一隻「黑天鵝」可能會來自基因科技、華爾街大樓或賓拉登的托拉波拉（Tora Bora）洞穴基地。公司所能採行的最佳防禦措施，就是進行多角化組合，將創新矩陣的四大區塊都納入投資範圍。

組織改造

接著，是現今大多數公司所面臨的兩大挑戰：如何將設計師解決問題的創意技巧融入規模更大的策略行動，以及如何讓全體員工更加投入設計思考。設計師已經學到，可以把醫師和護士納入專案團隊，別更提超市店員、倉庫工人、辦公室職員、專業運動員、行銷人員、人力資源主管、卡車司機和工會代表。要求來自同一組織的行銷菜鳥和資深研究科學家攜手合作，進行各自專長以外的策略思考，不再是不切實際的夢想。今日企業界最勇敢的一些創舉，正是來自那些運用設計思考提升創新努力和驅動成長的公司。

我和執行長談話時，他們最常提出的問題就是：「怎麼做才能讓我的公司更創新？」他們深知，在現今這個瞬息萬變的商業環境中，創新是保持競爭力的關鍵，但他們也很清楚，要讓組織專注在這個目標上有多困難。Steelcase的執行長哈克特（Jim Hackett）是少數幾位開明的企業領袖之一，他知道，流量穩定的創新產品是建立在創新文化的基礎之上。設計新產品固然讓他興奮，但設計組織更能激起他的挑戰鬥志。

和許多創新者一樣，哈克特也在好幾年前為這個問題付出了不少代價，那時，商業新聞還沒把「創新」吹捧成一種新宗教。沒有地圖可以指引他如何抵達目的地，也沒有尺標可以衡量他的成功。然而，經由領導團隊的辛苦努力加上他個人的實驗意願，幾年下來，Steelcase確實脫胎換骨，不再是一九一四年為世界打造出第一只防火垃圾桶的那家公司。以往，驅動該公司新產品發展的力量，是科技和製造能力，而今，關注使用者和顧客的需求，才是該公司創新過程的起點。Steelcase是從以人為中心的設計思考觀點向外拓展。

「未來職場」（Workplace Futures）是該公司的一個單位，擔任內部智庫的角色，研究領域從高等教育到資訊科技無所不包。「未來職場」的成員包括人類學家、工業設計師和商務策劃師，他們指揮實地觀察，從中尋找洞見，主動為Steelcase的實際客戶和潛在顧客解決問題。他們發展腳本預測大學研究人員、資訊科技產業員工或旅館經理人的未來需求；他們製作原型將解決方案視覺化；他們打造令人信服的故事，陳述未來的可能機會。如此一來，銷售團隊等於是和顧客站在同一陣線，是為了協助顧客解決問題，而不只是要把最新產品賣給他們。

「未來職場」判定，健康照護是一個特別重要的機會，Steelcase便根據這項預測成立一家專攻健康照護環境的「養護」（Nurture）公司，投入這個快速成長的行業。養護團隊推出的專案包括：在密西根州懷俄明市裝配最先進的地鐵健康醫院，以及為紐約市希爾曼健康中心的單人房製作原型，希爾曼健康中心位於東村一棟十九世紀的建築內，是一家非營利機構，以照護醫療資源不足的民眾為目標。過去的設計方向有可能是：「舒服候診」或「病患儲物櫃」；相反的，養護公司的設計思考家會在簡報中提問：「如何在公共空間中創造隱私區？」或「如何讓醫院恢復室同時照顧到病患、訪客和醫療人員的不同空間需求？」

從家具生產轉移到整體健康照護，「養護」代表了設計思考的運作案例。該公司的新做法通常是由名為「深潛」（Deep Dive，輕量版稱為「裸泳」〔Skinny Dips〕）的密集工作營起頭，由產品設計師、室內設計師和建築師，與醫生、護士和病患攜手合作，共同研究某項問題，為解決方案製作原型，並評估結果。這類親自動手做的研究建議，一般是從整個產業的觀點針對某一議題做設計，但「養護」

也會代表特定客戶的立場進行這項工作。例如，它曾為密西根州的癌症和血液學中心針對全國的癌症照護環境進行調查，並和該中心的建築師共同打造功能原型。亞特蘭大的愛默立大學醫學中心在興建新的神經科加護病房前，也曾向「養護」尋求協助，希望幫他們找出潛藏的設計問題。養護團隊在實物大小的規劃設施中進行模擬操作，並邀請醫院建築師、醫療人員和病患家屬舉行專案設計研討會，深入了解各方意見，包括加護病房裡的家屬空間等等。

養護公司的產品供應包括：接待櫃檯、候診室座椅、臨床實驗室的光線配置、護理站的收納設備等等。不過，它和傳統設計做法不同的是，它認為自己比較接近健康照護產業而不是家具產業。養護公司認為，醫療環境對醫療過程的助益並不下於醫藥處方、手術設備和專業護理人員。這種以研究為基礎、受數據所驅動的走向，催生出以下的創新產品：在候診室圈出一塊地區，利用座椅排列和預鑄的建築隔板，打造出可以保護隱私的自在談話空間；改善護理站的視線，方便工作流程的管理，並提供臨時開會的空間；讓病房的儲物空間發揮到最大效用，利用分區照明滿足醫療人員、訪客和病患的不同需求；利用人體工學方案解決放射學家的需求，以及預測實驗室研究人員不斷改變的研究方法。

事實上，調查研究科學家並不是唯一採用以事實為基礎、受數據所驅動的工作人員。養護曾和梅約診所合作，設計各種實驗來測試該公司對於醫療環境的洞見。它設計了一項隨機對照研究，比較兩間不同設計的檢驗室裡的醫病互動成效，並和所有一絲不苟的研究團隊一樣，將結果原原本本地公布出來。執行設計思考的人，往往會高度仰賴想像力、洞見和靈感，不過養護公司同樣倚仗嚴格的科學程序。

在這項新方針的驅動下，Steelcase的設計師不只會主動思考設計完善的物件，還會思考未來的工作場所，以及如何為它設計最好的配備。Steelcas是以灰色金屬檔案櫃起家，卻也是它那行業第一個推動數位科技，利用數位科技來儲存、修復和分享資訊的公司。事實上，在哈克特擁抱設計思考之後所浮現的第一個洞見，就是Steelcase的許多客戶公司正打算從單打獨鬥的知識工作系統，轉變成以團隊為基礎的協作體系。這股趨勢所帶來的重大變革，讓Steelcase可乘機透過實體空間和家具系統，支援這波範圍廣泛的結構改造，而這還只是開始而已。

二〇〇〇年，彷彿是要宣告數位新千年的來臨，Steelcase推出它的第一款全網站式產品——驚奇房（Room-Wizard）。這是一種網路顯示器，裝在會議室外面，用來顯示誰預定了會議室以及預定多久時間等。只要輕觸一下螢幕介面或利用顧客的企業內部網路，驚奇房就可以讓我從帕羅奧圖的電腦上，預約我們的慕尼黑或上海分部會議室，並讓設備部經理以最有效的方式規劃未來的空間需求。當辦公家具公司開始販售網路資訊應用軟體，這顯然意味著有些事情正在發生，不過設備的目的本來就是為了提供幫助，這也正是驚奇房的功能所在。哈克特依然繼續賣椅子、桌子，甚至防火垃圾筒，但此刻他著力最深的，是推銷那些可以提高今日職場效率和體驗的解決方案。

教企業捕魚的方法

時間拉回一九八〇年代，IDEO當時和台灣電腦巨人宏碁合作過很多案子。在一件成效特別卓越的專案結束之際，一路協助我們調解和客戶之間文化差異的梁又照教授，提出一項挑釁的建議：「台灣產業想要的是魚（設計成果），但實際上他們需要的是魚網。」換句話說，提交成果很棒，但梁教授從中看到宏碁公司真正的需求，是將我們在設計過程中所產生的過程方法與宏碁分享。於是我們匆忙從設計社群中召集了一支教練團，打包了一堆麥克筆和便利貼，直奔台北，那是日後成為我們公司服務項目的一項重要活動——創新設計工作營，我們稱之為「IDEOU」。

當分布各地的麥當勞和摩托羅拉這類公司，相繼開設內部「大學」來訓練自身員工的同時，我們卻把眼光朝外，打算運用我們以人為中心、以設計為基礎的創新方法——使用者觀察、腦力激盪、原型製作、說故事和打造劇本——來訓練其他公司。然而，在世界各地主辦過無數次研討會後，我們逐漸了解，將受過設計訓練、具有創新精神的同道，以單兵方式植入大型組織內部，並不是最有效的做法。要讓創新發揮大規模的持久衝擊，必須把創新精神編碼到公司的DNA裡。

有了這個想法之後，我們開始鎖定雀巢、寶僑和卡夫食品這類特定目標，設計更具結構性的研討會。儘管如此，由於缺乏更廣泛的組織變革，光靠工作營單打獨鬥，衝擊依然有限。若是寶僑執行長雷富禮沒指派創新長、沒把設計管理人員的數量提高五倍、沒設立寶僑「創新健身房」、沒建立與外界合夥工作的新走向（「連結發展」）、沒把創新和設計提升為公司的核心策略，那麼就算派出全世界最精銳的創新工作營，也無法改變寶僑。

諸如寶僑、惠普和Steelcase這類製造產品和經營品牌的公司，在著手改造自身的內部文化時，相對而言擁有比較好的起跑優勢，因為它們的成員中原本就有設計師，甚至還有一些設計思考家。雖然要說服管理階層，讓他們相信設計可以扮演更具策略性的角色，並不是件容易的事，但只要他們信服這點，立刻就有現成的人才可以揮兵上陣；相反的，對服務性組織，或甚至習慣將設計工作委外的製造業公司而言，由於基礎並不存在，挑戰性也就更大。

凱薩醫療中心（Kaiser Permanente）這個健康照護界的巨人，就是一個很好的例子。二〇〇三年，凱薩開始從病患和醫療人員雙方的角度，改善整體醫療照護的體驗品質。IDEO建議凱薩，與其在內部雇用一堆設計師，不如讓現有員工學習設計思考的原則，運用在自己身上。我們花了好幾個月的時間，和護士、醫生及行政人員舉辦一系列工作營，設計出一套創新組合。其中一項專案是重新規劃護理人員的交班作業，負責人員包括一名具有護理背景的策略規劃師、一名組織發展專家、一名科技專家、一名流程設計師，以及一名工會代表，並由IDEO的設計師擔任協助角色。

核心團隊在凱薩的四家醫院和最前線的看護一起工作，找出交班時會出現的種種問題。上一班的護士固定會花四十五分鐘的時間，跟下一班護士簡報病人的情況。我們發現這項程序進行得有點亂，每家醫院的做法也不相同，有的是把口述內容記錄下來，有的則要當面開會；彙整資料的方式也不一致，從狂用便利貼到胡亂寫在護士服上都有。此外，病患關心的一些消息，通常都不在記錄之列，例如：病患在上一次交班期間有哪些進展、有哪些親屬在病房陪伴、哪些測試和療程已經做完。團隊發現，很多病人都覺得，交班時間是他們醫療照護上的漏洞。緊接在觀察階段之後的，是現在大家都很熟悉的健全設計流程的幾大要素：腦力激盪、原型製作、角色扮演和製作影帶，但這些流程全是由凱薩自己的員工而不是專業設計師負責主導。

得出的結果是：改變做法，從前交班護士是在護理站交接資訊，現在則改成在病患面前交接資訊。第一個原型只花了一個禮拜的時間，包括新的流程和一個簡單軟體，可以讓護士調出先前的交班紀錄，並把這一班的情況登載上去。更重要的是，如今病患也可以參與這項流程，提供他們認為很重要的額外細節。凱薩針對這項改變進行衝擊評估，發現護士交班的平均時間整整減少了一半以上。這項創新同時改變了護士對於工作的感受。在一項調查中，有位護士表示：「我超前了一個小時，交班只花了我四十五分鐘。」另一名護士則興奮地說：「這是我第一次準時交班。」

護士交班制度的新改變，不但影響了病人和護士，它本身同時也是系統性改善凱薩整體醫療照護品質的一部分。為了達到這項長遠目標，由護士、研發專家和科技人員組成的核心小組，從率先完成自己的專案做起，進而成為組織其他部門的顧問。藉由凱薩醫療創新顧問部門的成立，這個小組致力追求以下任務：改善病人的醫療體驗，擘畫凱薩的「未來醫院」，以及將創新和設計思考推展到凱薩的各個部門。

要完成這種組織性的變革，需要有系統的程序。將護士和行政人員（或執行主管和職員、或分行經理和銀行櫃檯出納）納入神祕的設計思考工作，可以釋放他們的熱情、能量和創意。以凱薩而言，目前有幾十項創新構想已做好準備，打算隆重登場，推行到整個醫院系統。它還可以從那些已經投入許多時間與體制對抗的人那裡，誘發更深一層的投入感，讓他們可以公然想像，在組織再造的工程中扮演某個角色。然而，如果缺乏持續不懈的承諾和整合性的做法，那麼最初的努力很可能會被日復一日緊急迫切的複雜醫療系統給磨滅。

要將一切照舊的文化，改造成設計驅動、專注創新的文化，必須行動、決策和態度兼備，缺一不可。工作營讓人們接觸到設計思考這種新方式。試行專案有助於在組織內部行銷設計思考的好處。領導人集中心力推行變革計畫，准許員工學習和實驗。集結跨領域人才的團隊，確保這項努力是建立在廣大的基礎之上。諸如寶僑創新健身房之類的專屬空間，可以提供長期思考資源，讓努力得以延續。定量和定性的衝擊評估，有助於形成商業案例，確保資源得到適當分配。確立獎勵制度，鼓勵不同單位以新方式彼此合作，讓年輕人才把創新視為成功之道而不是生涯冒險。

如果這些元素都能和諧互動，創新的齒輪就能平順運轉。要在現實世界裡面對日復一日的挑戰，並不是件容易的事。個別事業單位總有一堆當下要務得處理，很難說服它們主動參與整個體系的創新。我們都知道，要在一個瞬息萬變、短期障礙似乎比長期目標更要緊的商業環境中保持信念，有多困難。有太多執行主管一聽到壞消息就開始恐慌。創新並不像水龍頭，一轉就開，一轉就關。突破性的構想需要漫長的萌芽期，所花費的時間大概僅次於要讓長期低迷的經濟衰退重新復甦。一出現停滯下滑徵兆就中止創新、解雇員工、砍殺專案的公司，只會削弱自己的創新管道。它們或許需要重新調整焦距，略微減少創新專案的資源，但不能一下全部砍掉，否則一旦市場復甦，它們將無招架之力。

在低宕時期慢慢孵化的構想，很可能會在時機轉好的緊要關頭發揮巨大影響。如同管理學教授瑞茨基（Andrew Razeghi）最近指出，一九二九年十月股市大崩盤四個月後，《財星》雜誌以一期一美元的高定價推出上市，最初的訂戶只有三萬人；但是到了一九三七年，該雜誌的銷售量已高達四十六萬份，並創造了五十萬美元的淨利。其他例子還包括即溶咖啡、廉價航線和 iPod。瑞茨基指出，衰退時期比繁榮時期更容易發現新需求，也更容易部署，因為繁榮時期有太多好點子追著已經被滿足的需求。這個結論暗示出，設計思考或許是企業在經濟衰退時期所能採取的最有利做法之一。

一九五〇年代，戴明博士（W. Edwards Deming）開始為品質管理研究奠下嚴格的基礎。設計思考大概無法變成精確的科學，但和品質運動一樣，有機會從一種魔法變身為有系統的應用管理模式。訣竅在於，進行系統管理時不要犧牲創意流程的活力——必須在管理人員對穩定、效率和可預期性的要求，與設計思考家對自發性、意外發現和實驗精神的需求之間，取得平衡。一如多倫多大學馬丁教授提醒我們的，目標必須是綜合性的：在我們創新變革和創新公司的時候，讓衝突的需求保持在緊張狀態，會比偏向任何一邊更有力量。

Chapter 8

新社會契約，或你我必須同舟共濟

一個致力實現以人為中心的設計思考信念的組織，其實是在實踐一種開明的利己主義。它越了解客戶，就越能滿足客戶的需求：而這正是長期獲利和持續成長的最可靠資源。在商業的世界裡，所有想法，不論多高貴，都必須禁得起盈虧測試。

但這並不是一面倒的命題。生意會採取以人為中心的走向，是因為它牽涉到人的期望。不論我們是顧客或客戶、是病人或行人，都不再像以前那樣，願意在產業經濟的末端扮演被動消費者的角色。有些人因此開始追求比「賺錢花錢」更有意義的志業。有些人則認為，企業應該為自身產品對我們的身體、文化和環境所造成的衝擊負責。而其淨效應是，深深改變了貨品販售者、服務提供者這方和購買者之間的動態關係。

身為消費者，我們提出不同的新需求，和品牌建立不同的關係，想要參與產品的決策，希望和製造業者與銷售者的關係延續到銷售點之外。為了滿足這些節節升高的期待，公司必須把某些主控權出讓給市場，必須和顧客進入雙向對話的關係。這項轉變發生在三個層次，也正是本章要討論的三大主題。第一、當消費者的期待從實現功能轉變成更廣泛的滿足體驗時，「產品」和「服務」之間的楚河漢界也開始動搖。第二、企業正以全新的規模運用設計思考，將原先產品歸產品、服務歸服務的做法，轉變成產品加服務的複合體系。第三、製造業者、消費者和所有相關人士都開始意識到，我們正進入一個極限時代，工業時代那種大量生產和愚蠢消費的循環再也無法延續。

這些潮流全都匯聚在同一個無可忽視的焦點上：必須利用設計思考重新規劃一份參與式的社會契約。「買方市場」或「賣方市場」這類廣告術語，再也沒有用武之地，因為我們同在一條船上。

轉為服務導向

在某種意義上，所有產品都是服務。無論該項產品的變化有多小，它都和在背後支持它的品牌具有關聯，該品牌也得承擔我們買下產品之後對保固、維修和升級的期望。同理，絕大多數的服務也都包含某種有形的東西，無論是載著我們橫越大陸的機位，或是讓我們在電子通訊世界裡網網相連的黑莓機。產品和服務之間的界線已變得模糊。有些公司一直比其他競爭對手更容易辨識，例如：維珍大西洋航空、歐洲電信業者奧倫治無線電話公司（Orange）和四季飯店，獲得更多忠實顧客的支持。

然而令人驚訝的是，服務業的創新腳步始終比生產辦公家具、消費性電子產品或運動服飾的公司來得慢，也很少打造強有力的研發文化。服務業的運作也不常受到其他成功策略的影響。

問題的核心在於，製造業處理的對象是機器，服務業處理的對象是人。這當然是過於簡化的說法，但它賴以運作的原則其實相當複雜。科技創新以橫掃一切的氣勢推動工業化。只要翻翻狄更斯、左拉或勞倫斯的小說，就能看到人們如何一路被拖著跑。企業是靠著自身的科技本領和其他對手競爭，所採行的做法，也都是為了提高自身的科技創新能力。當新興小公司逐漸茁壯成奇異、西門子和克魯伯之類的工業大帝國，它們也連帶確立了研究實驗室、設計工作室、大學附屬機構和其他系統化的創新方式。歷史學家諾伯（David Nobel）和休斯（Thomas Parke Hughes）等人，曾經回溯新形態的智慧財產，諸如專利、版權和各式各樣的許可證授發辦法，都和這些巨型新公司的成長密不可分。甚至連政府也扮演起保護者的角色，把智慧財產當成國家的重要競爭力之一：一八五〇年代的英國、一九一〇年代的德國、一九五〇年代的日本，以及今天的中國皆然。

於是，投資未來的技術創新潮流，就成為大型工業公司管理策略的一部分。愛迪生首先開創這風氣，在一八七六年成立了第一家現代工業研究實驗室，也就是所謂的發明工廠，自此之後，研發就成為製造公司不可或缺的一環。它們或許不像

「門洛帕克的奇才」（the Wizard of Menlo Park）那麼有野心——愛迪生對實驗室的要求是，每十天一項小發明，每六個月一項「大特技」——但大多數製造業公司都認為，想要掌握明日的產品潮流，就得投資今日的科技研發。

投資創新以延續成長發展。今日，這類模式非常多樣。蘋果公司並沒有維持大型研究設備，但它確實每年投資數百萬美元設計建造新產品；寶僑養了一個很大的研發部門，但也投資大筆金錢進行以消費者為中心的創新和設計；全世界最大的汽車製造商豐田，是以投資流程創新聞名，不斷提升製造品質。產品公司極度仰賴源源不絕的新想法，因為股票市場往往就是用創新投入度來評定該公司的價值。可是服務業就不一樣，為什麼呢？

在服務業，我們很少看到以投資未來創新為核心的企業文化。就算真的有，通常也是集中在基礎設施，而不是服務本身。電信公司會投資銅纜網絡和行動科技，但對顧客體驗幾乎漠不關心。AT&T建立了全世界最有名的研究實驗室，但即便在貝爾實驗室的全盛時期，它的運作也比較像是電話製造業者而不是電信服務的提供者。

在家庭電腦和網際網路出現之前，零售、食品服務、銀行、保險，甚至健康照護的主流世界，幾乎不曾思考過系統創新這個問題。花旗銀行在一九七七年贏得最創新的財政機構美稱，因為它在紐約市的所有分行裝設自動提款機。這項革命性的服務創新，讓顧客可以自行處理銀行業務。自從水果盤拉霸發明以來，這是頭一回有一件科技介入我們和我們的金錢之間，很多人花了好長一段時間才逐漸適應。溫特澤爾夫人（Eleanor Wetzel）表示，雖然自動提款機是她先生發明的，但他自己從沒使用過。

在電腦和網際網路出現之前，幾乎所有的服務都是建立在提供者和接受者之間的直接互動之上。在這個強調「人與人」的世界裡，公司的競爭力靠的是服務人員可以把顧客照顧到多舒服。這又轉化成一條簡單的公式：越高貴的服務，牽涉到的服務人員就越多。在豪華旅館裡，平均每位顧客能得到的服務生、門房、清潔人員和廚師數量，都比一般旅館來得高。高檔私人銀行還會提供有錢客戶一對一的服務，不會讓他們和市井小民一起排隊等櫃檯。如果這種情況不變，顧客得到的服務品質完全是由人所決定，就很難刺激服務業者去思考可以重新界定市場的突破性創新。

當然，事情總是有例外。夏普（Isadore Sharp）創立四季飯店的前提是，要讓大型旅館與優質服務畫上等號。舒茲（Howard Schultz）將星巴克打造成全球品牌的洞見是，對喝咖啡的人來說，氣氛就和咖啡因一樣重要。無論布蘭森爵士（Sir

Richard Branson）賣的是唱片、結婚禮服或飛機票，他都把對顧客的優質服務視為關鍵核心。

到了一九九〇年代末，許多公司終於意識到，科技注定會被取代，或至少開始認真談論，人在消費者體驗中所扮演的角色。不過幾年的時間，亞馬遜、網路鞋店Zappos和DVD租借網站Netflix，就從毫無經驗的小公司搖身為主要品牌。eBay更是往前邁了一步，創造了一個聰明的基礎結構，把所有工作都交給顧客進行，它們只要負責抽取權利金。其他產業也注意到這些網絡的無限潛能。戴爾（Dell）發現，它可以直接把電腦賣給消費者，而不須倚賴傳統電器行。沃爾瑪百貨（Wal-Mart）利用電腦網路，以前所未見的效率和最低廉的價格，管理數量驚人的供應商。突然間，服務公司的競爭基礎似乎不只是人力，還多了科技手段。**創新才是競爭力的憑藉**。

與此同時，並不是所有的服務業公司都記取了它們製造同業的慘痛教訓：單靠科技的力量不必然能營造更好的顧客經驗。我出身密德蘭地區，那裡是英國工業革命的大本營，我常常會把沒完沒了的電話答錄系統和電子零售商多到令人眼花撩亂的網頁，想像成工業革命第一個陣痛時期緊緊糾纏詩人布萊克（William Blake）的「黑暗撒旦工廠」。它們貶低人的地位，要我們臣服於不可理解的機器邏輯；它們讓我們一再受挫；它們對生活品質和工作效率妥協。運用創新科技但沒以創新手法提升體驗品質的服務公司，注定得重新學習工業時代的痛苦教訓：過去的創新並不能保證未來的績效。

Netflix就是深諳此中道理的服務公司。它是第一個透過網際網路租借DVD，並利用郵政系統進行遞送的線上服務公司，在它推出這項突破性創新的頭幾年，Netflix的焦點是放在打造自己的核心事業，確保基本顧客群大到足以支撐公司營運。早期的實驗屬於增值性質，重點在於改善網站的實用性和修補不同的收費標準。接下來，公司開始確認網絡發展趨勢，並建立影片數據和評鑑資料庫供客戶使用。最近，Netflix開始實驗，把網際網路從原本的銷售櫃檯轉型為線上影片傳遞服務系統，因為這很可能是未來不可避免的走向。起先，客戶需要下載影片在家用電腦上看，但科技日新月異。

以加州為基地的Roku公司生產了一種數位機上盒，讓民眾可以下載影片在一般電視上欣賞。而南韓巨擘樂金電子（LG Electronics）已將Netflix的下載功能內建到它的標準版藍光播放機裡。Netflix就這樣一步一步將焦點從科技延伸到體驗設計的領域。距離數千名信差不再把數以百萬計的Netflix紅色信封丟進信箱，還有很長一段時間，但Netflix已經開始慢慢引導它的顧客，不讓他們在路途中感到失望、疏離或走失。

如同產品越來越像服務，服務也越來越像體驗。這項影響深遠、無可迴避的發展，是因為人們理解到以設計為基礎的系統性創新的重要性，它可以打從心底吸引員工和顧客的注意力。我們終究會看到，創新實驗室出現在服務業公司，就像研發設備出現在製造業公司一樣順理成章。

系統規模：我們該向蜜蜂學習

在IDEO，每項設計挑戰都是從「我們可以如何？」開始。我們航行在平凡無奇和過於獨特兩端之間，不斷問自己：「我們可以如何簡化心臟電擊器的介面？我們可以如何向十三歲以下的孩童推廣健康飲食？我們可以如何鼓吹恢復堪薩斯市的傳統爵士區？」。「我們可以如何改善人類的境況？」這問題太大，超出我們的能力。「我們可以如何調整光碟機的彈力度？」這問題則又太小了些。

這裡有個大小適中的例子：我們可以如何改善機場的安檢？機場安檢問題，是九一一後所有設計思考家都想過上百遍的挑戰之一，我當然也不例外，每次當我努力脫下鞋子放上輸送帶以免擋住後面隊伍的時候；每次當我的印地安旅伴假裝沒看到那些鬼祟眼光，讓我感受到同等屈辱的時候；或是看著某位健忘的老祖母把洗髮精瓶子交給頻頻道歉的官員時。身為一名設計師，我很難不去思考，我們可以怎樣讓法令規定更符合九一一後的世界安檢需求。身為一名公民和一名設計師，當美國運輸安全署找上門來，要求我們處理這個問題時，我真是興奮極了。

事實證明，運輸安全署的這項工作，是IDEO成立三十年來最具挑戰性的任務之一。它讓我們認清，如果想改善大型系統的績效，就必須把設計思考工作交到每位參與者手上。

重新規劃檢查站的空間和流量，讓旅客有更多時間做好準備，並提供更好的資訊服務，讓旅客知道接下來要做些什麼，當然可以創造更輕鬆的旅遊體驗。不過，空間只是大型系統問題的實體面而已，最重要的關鍵構想必須往上追溯，重新思考旅客和運輸安全官員，是以哪種態度參與這項共同體驗。

運輸安全署企圖把安檢重點從偵測物品轉移到偵測敵意：女士皮包裡的指甲剪幾乎不具任何威脅性，但一只飲料空罐卻能製作成致命武器，當運輸安全官員示範給我們看的時候，有一名設計師嚇到說不出話。然而，光是靠華盛頓由上而下頒布的一組規定，並不足夠。要執行這項安檢新策略，必須有一套全面性的設計新策略才行。

針對這種大規模的系統專案，最高指導原則是：要讓不同參與者的目標趨於共識或一致。在機場安檢的案例中，這項洞見指的是，要認定安檢人員和旅客大眾並不是敵人而是夥伴，一方想揪出恐怖分子，另一方想快速輕鬆地抵達登機門，這兩項目標是可以彼此強化的。因為減輕正常旅客的壓力，反而更容易凸顯出想要傷害我們的不正常舉止（假如隊伍中的每個人都緊張兮兮、焦躁不安，在鞋子裡藏了炸彈的壞人就很容易矇混過去）。於是這成了我們的依循架構，據此提出具體建議，說明我們可以怎樣簡化流程，改善環境。

在觀察階段，我們看到旅客如何因為不透明的程序規則，變得焦慮、挑釁、不願合作。而運輸安全官員這邊，因為把自己退縮成照本宣科的角色，所以給人一種威脅、冷漠、不近人情的感覺。結果就是沒效率和不愉快的惡性循環，甚至因為敵對氣氛造成許多不必要的紛爭，反而阻礙了雙方都希望旅途安全的共同目標。於是，問題從「我們可以怎樣重新規劃安全檢查站？」演化成「我們如何為X光機器兩邊的參與人提供感同身受的同理心？」，也就是從設計師的問題演化成設計思考家的問題。具體的設計解決方案變成了戰術，用來實現更廣泛、更以人為中心的指導策略。

依據這原則，我們朝兩個平行方向發展。首先，我們設計了一套和環境及資訊元素有關的流程，讓旅客可以一路平順地從機場大廳行進到最後的檢查站，並在巴爾的摩的華盛頓國際機場製作了一個工作原型，實際測試。實體配置和資訊展示，都以最詳盡的方式，把旅客可能產生的疑問一一提出解釋。假如旅客了解他們會被詢問哪些問題以及為什麼被詢問，他們對相關程序的忍耐度就會提高，不會認為那是安檢人員故意找麻煩。同時，我們也為運輸安全署的官員設計了一項訓練課程，授權給他們，讓他們以新方式投入安檢體系。這項課程鼓勵他們用批判性的思考，讓機械式的流程變得更有彈性但不影響它的嚴密。新訓練特別強調對行為、民眾和安全措施的理解，以及為同僚和旅客加入更多信任感。

已經有很多人談論過複雜的非階層制體系，這類組織的系統行為，並不是來自中央集權式的命令和控制，而是個別行為經過數千次重複之後所達到的預期結果。蟻塚和蜂窩就是很好的例子，當我們面對的是人類的群落時，就必須把（通常會讓設計師、警察和高中老師感到失望的）個人的聰明才智和自由意志這兩項額外因素評估進去。這表示我們必須以不同的方式思考。不能採用只要設計一次就可以重複使用的階層制僵化流程，而必須想像出，我們可以怎樣創造具有彈性又可以不斷演化的系統，讓參與者之間的每一次交流，都是一次可以激發同理心、可以發掘洞見、可以創新、可以執行的機會。每一次的互動都是一個小機會，可以為所有參與者創造更有價值、更有意義的交流。

不論是蜜蜂、螞蟻或人類的群落，如果想要成功，就必須適應和演化，而要達到這點的方法之一，就是授權給每個人，讓他們都可以在某種程度上控制最後的結果。在運輸安全署這個案子中，設計思考家的第一步棋，就是把設計工具交給最後負責執行的人，而事實證明，這步棋下得非常漂亮。

櫃檯內外積極合作

想要了解設計思考家所鼓吹的同理心有什麼價值，不一定非得要和不對稱戰爭、非國家行為者和恐怖主義這類不尋常的挑戰纏鬥。二〇〇四年，北美最大家電零售商百思買（Best Buy）的顧客中心副總裁吉伯特（Julie Gilbert），創立了女性領袖論壇，簡稱「狼」（WOLF）。每一群「狼族」都由二十五名女性和兩名男性組成，他們來自組織各個部門，針對家電零售業所發生的種種挑戰進行討論，家電零售是由男性為男性創造的行業，但卻有高達四十五%的購買者是女性。在超過兩萬名女性顧客和員工的努力之下，女性工作申請者增加了三十七%，而女性雇工流動率則降低了將近六%。櫃檯內外兩邊的女性變成積極的合作者，共同把百思買改造成一個購物和工作的場所。她們的建議包括：加大通道的寬度好讓嬰兒車可以通過；降低用具架的高度，以減輕環境的壓迫感；以及在實體客廳裡展示寬螢幕電視和立體聲音響，讓購物者可以看到產品放在家中的模樣。工作人員不再用產品特性來嚇消費者，而是會和他們談論生活風格，以及他們希望科技提供哪些服務。

豐田汽車的沉浸式培訓計畫，同樣展現出他們企圖軟化管理階層和員工，以及顧客和工作人員之間的界線。豐田訓練領導人聆聽，訓練員工發言，讓雙方都能獲利。管理顧問史貝爾（Steven J. Spear）曾經觀察一位豐田新進廠長，如何於上任後的前幾週，直接在生產線上工作的情形。這位不會說日文的美國廠長，花了一個禮拜的時間和一名日本生產線工人一起工作，半句英文也沒說；他們利用觀察、創立模式和角色扮演等共同語言，找出三十五項以上的生產問題，並確認了解決方案，包括把工人檢查零件時的行走距離減少了一半、改善自動換刀系統的人體工學等等。豐田藉由重新界定領導人和員工的角色，將合作層次提升到大多數西方工業公司無法想像的程度。史貝爾為豐田成功實行的沉浸式培訓計畫，歸納出四大基本原則：一、直接觀察無可取代；二、永遠要把變革提議建構成實驗；三、員工和經理都該盡可能多做實驗；四、經理應該負責指導而不是收拾爛攤。觀察？製作原型？實驗？把你丟進一兩場腦力激盪研習課程，你就能準確地描述出，什麼樣的文化可以讓設計思考走出工作室，轉進到會議室和廠房。

有時，設計思考的原則就像公式那麼明確，例如豐田的案例；有時則會採取比較廣泛的形式，確立系統和參與者的共同目標。二〇〇〇年一月，威爾士（Jimmy Wales）和桑格（Larry Sanger）開始創立一個自由線上百科，由志願者提供內容。他們最早的做法相當傳統：由各領域的專家提供百科詞條的內容，然後交給同儕評閱。九個月後，這套仔細檢閱的流程一共只做出十二則條目。

該團隊在一次偶然的情況下得知維基（wiki）這種軟體，那是一種內容開放、可以供多人協作的網站，由程式設計師坎寧安（Ward Cunningham）創立，允許所有造訪者自由修改內容，不需和任何權威中心交換意見。這給了威爾士一個念頭，想利用這項新工具來加快百科全書詞條的累積速度。二〇〇一年一月，維基百科正式推出，邀請使用者直接提供詞條內容。不到一個月的時間，就累積了一千則詞條，到了九月，數量更是破萬。如今，維基百科已經成為最大的網路出版者，幾乎每一篇高中報告和商業書（包括本書在內）都曾在上面尋找參考資料。由於威爾士把維基百科定位為非營利基金會，而不是賺錢的事業體，因此得以守住他的核心原則：沒有報酬的撰稿人是維基百科的最大關鍵。正是因為維基百科的條目，是由關心內容的民眾而不是領酬勞的專家所提供，因此確保了它的可信度、它對品質的控制以及它和時代的關聯性。維基百科證明了，在一個參與者全都有志一同的體系中，能發揮出多大的力量。

拿維基百科、豐田汽車和百思買的成功，與我們在日常生活中碰到的一些拙劣體系做比較，應該能給我們一些啟發。我們的大型體系幾乎都無法提供以顧客為尊、有效率又有參與性的體驗，只會讓我們每天飽受換駕照、和健保給付討價還價，或是選舉投票的折磨。對於政府官僚的拖沓運作，我們或許無能為力，但不該原諒我們光顧的那些公司做出缺乏想像力的決策。

所有抗拒將內容數位化的媒體公司、強迫我們只能從單一來源購買服務的手機業者，以及抽取天價費用的銀行，都是在為更機靈、更有想像力的對手製造機會。如今屬於Google旗下的開放原始碼平台Android，就是破壞性創新的一個典範，它已經擺好姿勢，準備撂倒比它更老牌的手機服務業者。目前有數千名研發人員正在為Android的應用程式工作，他們的能力遠超過Google內部的設計團隊，而採用Android作業系統的第一款G-phone也剛剛上市，供不應求。銀行業是另一個巨人失勢的產業，諸如Zopa這類線上互助借貸機構，正在走出一條新路。Zopa採取P2P的點對點直接模式，避開銀行，幫助有借貸需求的人找到雙方的「可協議空間」（zone of possible agreement, Zopa）。自二〇〇五年創立以來，Zopa已經從英國基地擴張到美國、義大利和日本，並達到超低違約率的目標。

參與式的構想光是吸引人還不夠。因為不論「參與感」多高，都沒有人想用設計不良的手機應用系統，或把支票存在不安全的銀行。這些新品種系統還必須提供高品質的功能　至少要和那些採取由上而下做法的公司一樣好才行。Android的應用程式必須和蘋果及諾基亞的一樣迷人、一樣簡單，不然就走不出開放原始碼科技迷的小圈圈；Zopa則必須向顧客保證，他們的錢是安全的。這種信任並不是來自網路管理者。如果大規模的開放、彈性系統想要實現它們的遠大未來，它們的研發者就必須有勇氣向使用者開誠布公。設計是提供令人滿意的體驗。設計思考則是創造每個人都有機會參與對話的多極體驗。

企業、經濟和地球的未來

以上所有主題和範例的共同點，就是直接和人接觸，不論這些人是顧客、客戶、聽眾或孤獨的網站瀏覽者。從「產品」導向到「服務」導向的轉變影響非常廣，甚至連傳統製造公司也無法倖免，成功的關鍵在於，要擴大使用設計思考的工具，利用它們來應付和機場安檢同等複雜的體系，因為那正是開放原始碼、社交網站和Web 2.0的本質。

看完將旅客送離機場、將產品送上市場，以及將電子導入網路百科虛擬世界的種種體系之後，接下來，我們要把目光轉向最大的一個系統，也就是富勒（Buckminster Fuller）口中的「太空船地球」（Spaceship Earth），那個脆弱、美麗、微妙平衡的生命支持系統。如果說有什麼任務需要我們不斷結合分析性和綜合性的實務、聚斂性和擴散性的思考，以及設計師的科技才能和對人類行為的洞見，那就是——如何維護地球的健康。要在社會的經濟存續和地球的生物存續之間取得平衡，需要最高度的「相對」思維。

身為設計師，我很驕傲我們創造出更符合人類需求的產品，並讓人所倚賴的科技更為人性化。我們擁有更好的建築物，居住工作都更舒適。我們擁有創新的資訊和娛樂媒體，可以用做夢都想不到的方式彼此溝通。但是我們也有一個潘朵拉的盒子，裝滿了無法預期的問題，這些問題很可能已經對我們的文化、經濟和環境造成了長期損害。

幾年前，IDEO一個出色的團隊和歐樂B（Oral-B）合作，設計更好的兒童牙刷。團隊從密集的研究階段開始，進行實地調查，觀察所有年齡的孩童如何潔牙，或如何嘗試潔牙。孩童之所以要和牙齒保健奮戰的原因之一是，刷牙不是大多數小孩樂意做的事，因為刷牙會痛、不好玩、味道很可笑。另一個原因是，幼童的肌肉靈敏度還不夠，無法把牙刷握得很好。大多數的兒童牙刷都是成人版的等比縮小（和十七世紀的荷蘭大師一樣，二十世紀的工業設計師都把孩童當成縮小版的成人）。我們提出的解決方案，是第一款具有防滑橡膠握柄的牙刷，如今已成為所有牙刷的標準造型，大人小孩都如此。團隊還給了歐樂B刷毛鮮豔的色彩、大膽的構造，以及會讓人想起烏龜或恐龍的造型。結果大獲成功。

歐樂B多了一項成功產品，許多小孩則有了更健康的牙齒。但這只是故事的「開頭」。新牙刷上市六個月後，領導團隊的設計師們，在下加利福尼亞的一處僻靜海灘散步時，發現一個色彩鮮豔的東西就躺在浪花拍打的邊緣。那不是烏龜；那是我們經過人體工學設計、得到牙醫推薦、銷售成績亮眼的歐樂B牙刷。這枝牙刷看起來幾乎就像是當天早上被某個人丟在海邊似的，除了微量的甲殼動物暗示它曾經在海裡待了一段時間，並被海水沖上岸。我們的招牌產品在墨西哥的原始海灘上找到它的安息之地。

設計師無法阻止民眾如何處理他們的物品，但這無法作為設計師忽視大環境的藉口。往往，在我們傾注全力解決眼前問題的同時，卻沒看到我們製造的那些問題。設計師以及受到設計師思考方式啟發的人，都是可以決定社會使用哪些資源以及這些資源在哪裡終結的人。

設計思考至少可以在三大重要領域，推動加拿大設計師莫（Bruce Mau）所說的「巨變」。第一是必須自我提醒，真正和我們利害攸關的是什麼？我們所做的選擇得付出哪些代價，要把這些代價原原本本地攤在陽光下。第二是徹底重新評估我們用來創造新物品的系統和程序。第三是找出方法鼓勵每個人採取更具永續性的行為。這三點都是設計思考必須回應的任務。

自我提醒

一九六二年卡森（Rachel Carson）出版了《寂靜的春天》（*Silent Spring*），環境保護主義就此進入文化主流，但又花了四十年的時間，經過兩次石油危機和廣泛的科學共識，危機意識才開始滲入人心。主要的刺激之一，是二〇〇六年高爾推出的紀錄片《不願面對的真相》，提議運用想像的力量來推動根本變革。這部紀錄片結合了以事實為基礎的新聞調查、科學家的數據分析，以及受政治啟發的社群行動，讓視覺藝術家得以扮演關鍵角色，把我們從危機邊緣拉回來。

喬登（Chris Jordan）是美國藝術家，利用「數大」的力量把我們和許多不同的社會議題連結起來。他的系列作品《繪畫過剩》（*Picturing Excess*），包括一件五乘十英尺的影像，是用大約兩百萬個塑膠水瓶重複而成——美國人每五分鐘的塑膠水瓶消耗量；另一件合成作品畫了四十二萬六千支手機——美國人一天的手機淘汰量。他的作品以文字無法呈現的視覺衝擊，充分暴露出我們對地球有限資源的恣意揮霍。

另一位加拿大藝術家柏汀斯基（Edward Burtynsky），到世界各地旅行，記錄人類留下的美麗與恐怖。柏汀斯基的大幅攝影，把觀看者拉進正用鐵鎚敲碎電腦螢幕、或在深圳洞穴工廠中勞動的中國村民的生活。如巨蛇般從加拿大安大略省鎳礦區蜿蜒過大地的橘色礦渣，以一種令人毛骨悚然的詭異之美，發自內心地傳達出人類的破壞行動有多驚人。

柏汀斯基的巨幅攝影地景以及喬登複雜精細的數據視覺化，都以龐大的數量讓我們目瞪口呆，不過設計思考家也讓我們看到，可以用更切身可行的方式來挑戰永續問題。奧雅納（Arup）工程顧問公司創意總監埃魯克曼博士（Dr. Chris Luebkeman），設計了一整套稱為「變革驅動程式」（Drivers of Change）的紙牌。每一個相互強化組都涵蓋了環境變遷的一個主要類別——氣候、能源、都市化、廢棄物、水資源、人口統計——每張紙牌則從社會、科技、經濟、環境和政治等不同的觀點，描繪某項變革驅動程式。透過意象、圖解和一些精心挑選的事實，每張紙牌都對單一議題給了一個清楚的圖像，卻不致讓觀看者的吸收力和理解力超載。其中一張問道：「樹有多重要？」接著便從砍伐森林解釋碳排放量這個議題；另一張問道：「我們可以承受低碳未來嗎？」隨後解釋根據碳排放量發展經濟可能造成的影響。奧雅納把「變革驅動程式」當成討論會的工具、研討活動的個人提示，或「本週靜思」的靈感；埃魯克曼採用設計師的思考方式，把洞見當成發想來源，創造出這項有價值的工具，可以在設計思考家尋找解決方案時給予啟發。

以少做多

盤古有機（Pangea Organics）是位於科羅拉多波爾德的一家小公司，製造天然保養產品。創業初期，盤古的肥皂、乳液和洗髮精只在有限地區的天然食品店銷售，四年後，創辦人歐尼斯科（Joshua Onysko）開始思考，如何讓公司成長又不會犧牲該公司的環保核心價值。能幹的設計師可能會建議進行全國性的廣告活動，附帶吸睛亮眼的包裝和更主流的訊息。但設計思考團隊則會從更廣遠的角度看待這份設計綱要：盤古有機不只要推銷肥皂，更要推銷永續、健康和責任的觀念。

設計團隊考慮到盤古需要一項可行的商業策略，它的顧客則希望盤古的產品能讓他們感覺自己對地球盡了一份心力，於是團隊著手研究，如何在低成本同時對環境造成最小衝擊的限制下，提出最合適的做法。答案是，進行全面性的品牌再造活動，這項活動不是要帶領顧客走一趟從工廠到掩埋場的旅程，而是借用建築師暨設計師麥唐諾（William McDonough）的說法，要來一趟「從搖籃到搖籃」的旅程。就像香蕉「皮」可以滋養新一代的香蕉樹，盤古肥皂的新包裝紙盒不但可以做成堆肥，裡面還埋了野花種子：泡水之後丟進後院，隔幾天就能發現一座後花園。

將生物模擬概念普及化的作家班雅斯（Janine Benyus）觀察到，工業時代是建立在「熱、敲、塗」的三部曲原則上。這種肌肉發達式的做法必須讓位，改換成減少侵入、降低浪費、取法於生物而不是機器的替代選擇。今日設計思考家拿到的設計綱要，是要以封閉迴路的方式，在需求性、可行性和存續性之間找到新的平衡。

盤古有機就是這種新取向的小規模嘗試，未來學者羅文斯（Amory Lovins）則打算把它應用到整個汽車產業。羅文斯並未劈頭就問，我們可以怎樣設計一款更拉風或更經濟的汽車。他和落磯山研究中心的同事，以不同的參數架構出更接近設計思考信念而不是設計信條的問題：「如何讓燃料的經濟效益提高三到五倍，但不減損汽車的功能性、安全度和舒適感，也不會增加價格負擔？」他們就是根據這個以人為中心的全系統設計綱要，打造出超級汽車（Hypercar），一輛採用先進複合材料、低阻力設計、油電混合動力和高效能配件的車輛。落磯山研究中心在一九九四年成立超級汽車中心，開始建立原型構想，該機構如今已轉型成一家營利公司，名為「纖維鍛造」（Fiberforge），負責發展先進的合成材料以支持這項計畫。落磯山研究中心跳脫今日大多數汽車公司的關懷重點，超越產出層次、往上游思考，規劃出不同的設計問題。落磯山研究中心的唐吉訶德式奮戰，在以往或許還帶有某種烏托邦主義，但汽車工業今日面臨的危機，已經把這類努力從邊緣推向主流。

如果我們願意花時間仔細檢視一項產品從創造到使用的整個循環，也就是從原始製造材料的取得到使用壽命終止後的處理，我們就能找到新的創新機會，一方面減少對環境的衝擊，同時又能提升而不是降低我們期待的生活品質。藉由全面的思考，公司就能掌握更大的契機。但我們不能就此打住，設計思考家還必須斟酌這道方程式的需求面。

改變我們的行為

越野車或許是最能定義我們這個時代的人造製品。它比其他產品更能體現企業經常以大同小異的方式回應民眾的需求，不論要付出怎樣的代價。這些危險、昂貴、低效能、又會造成生態災難的車輛告訴我們，必須同時從供需兩端進行變革。我們必須找出方法鼓勵民眾，把節能當成一種投資而不是一項犧牲，就像他們決心戒菸、減重或存退休金那樣。

在美國能源部高效率能源辦公室的官員，利用設計思考來推廣他們的努力時，便了解到這一點。能源部一開始也是依照傳統，假設民眾很在乎節能問題，而直接把資源投入可以滿足這項需求的研發計畫——新的節能科技。在一項代號為「變焦」（Shift Focus）的計畫中，IDEO建議採取以人為中心的新做法，首先對這項假設提出質疑。

IDEO團隊展開密集的實地調查研究，在莫比爾（Mobile）、達拉斯、鳳凰城、波士頓、朱諾（Juneau）和底特律等地，進行消費者意見抽樣調查，得出一項引人注意的結論：民眾根本不關心能源效率。這並不表示大眾無知、揮霍或沒有責任感，而是「能源效率」這詞彙實在太過抽象，頂多是一種達成目標的手段，而民眾真正想要的，是舒適、風格和群體感。這項發現促使設計團隊建議能源部改弦更張，把目標從「找出滿足民眾預設需求的能源解決方案」，改變成「找到方法鼓勵民眾投入真正和他們利害相關，並具有人生意義的課題」。以下設計提議都是建立在這些基礎之上：時髦但具有保暖功效的窗簾、節能照明設備展，或在民眾購買新屋或升級居家設備這類變動時刻，掌握機會、予以強化的資訊和教育工具。

我們正處在一個權力平衡快速轉變的新紀元，經濟發展從以製造品為重心轉移到偏向服務和體驗。公司正在交出主控權，不再把顧客視為「終端用戶」，而是把他們當成雙向過程的參與者。此刻，即將浮現在我們眼前的，正是一份全新的社會契約。

然而，每份契約都有兩造存在。如果民眾不希望企業把它們當成被動消費者，他們就必須掌握並負起應該承擔的責任。這表示，我們不能坐在那裡等待新的選項從公司行銷部門、研發實驗室和設計工作室浮現。意思很清楚：大眾也必須掌握設計思考的原則，就像凱薩的護士、豐田的生產工人、百思買的「狼族」，以及運輸安全署和能源部的公僕。

當設計思考家的圈子逐漸擴大，我們就能看到改善產品特性和購買經驗的解決方案提出。即便是今日社會所面對的最具挑戰性的大規模難題，設計思考也能提供我們指引。如果放任不管，「設計—製造—行銷—消費」的惡性循環將會把自己掏空，讓這艘「太空船地球」耗盡燃料。必須要靠所有人在各方面積極參與，我們才有可能讓這趟旅程走得久一點。

Chapter 9

設計行動主義，或利用全球潛力激發解決方案

半個世紀前，工業設計師羅威因為在 Lucky Strike 香菸盒上胡亂畫了一下圖案，造成香菸大賣，對此他一直引以為傲。然而到了今天，幾乎沒有什麼設計師會碰這類案子。設計思考是呼應文化變遷而興起，現今，能讓最棒的思考家感到興奮的挑戰，是利用他的技能去處理真正重要的課題。改善亟需援助者的生活，就是這張清單上的頭幾條。

這不只是基於**集體的利他精神**。最偉大的設計思考家永遠會被最艱難的挑戰吸引，無論是將乾淨的水源輸送到帝都羅馬、為佛羅倫斯大教堂搭建拱頂、在英國密德蘭地區架設鐵道，或設計第一部桌上型電腦。他們會找到可以挑戰極限的難題，因為這些難題最可能讓他們創下前所未有的成就。對上一代設計師而言，這些問題是由新科技所驅動；至於對下一代設計師來說，最迫切也最令人興奮的挑戰，可能是在南亞高原、瘴氣瀰漫的東非濕地、巴西的貧民區和雨林，以及格陵蘭的融冰。

這麼說並不表示，先前的設計師從沒有挑戰永續發展和全球貧困這麼大規模的問題。我在三十年前進藝術學校的時候，帕帕納克的《為真實世界做設計》（*Design for the Real World*）是必讀的書籍，還記得，我們曾為了設計應該是為「人類，而不是為利益」討論到深夜。這出於正義的憤怒催生出無數錫罐收音機和緊急收容所，但除了懵懂意識到我們的社會責任之外，並沒有產生持續性的影響。原因是，身為設計師，我們把才智能力都集中在眼前處理的物件上，忽略了這個體制的其他部分：誰會用它、怎麼用、在什麼情況下使用？它會如何被製造、配送、保固？它會支持還是瓦解傳統文化？

史丹福博士費歇（Martin Fisher）曾發展出一個比較好的模式，富布賴特（Fulbright）獎學金因為費歇不會說西班牙文，拒絕讓他去祕魯工作。於是他勉強同意接下為期十個月的肯亞委派工作，沒想到最後居然在那裡待了十七年。在奈洛比（Nairobi），他觀察到，貧窮國家那些被全球經濟硬捲進去的民眾，最需要的並不是錢，而是賺錢的工具。於是，他和夥伴穆恩（Nick Moon）共同創立了「腳踏啟動」（KickStart），提供廉價的「微科技」（microtechnologies），包括用腳踏板操作的深水幫浦，名稱取得很有意義，叫做「超級賺錢機」，協助過八萬多名當地農人在東非開展小型生意。費歇知道，設計精巧的幫浦、磚模和棕櫚油萃取器並不足夠。他的顧客還需要在地的基礎設施，包括行銷、配送和保固。在矽谷高科技世界求學，在奈洛比貧民區受訓的費歇讓我們看到，設計思考如何一步步延伸問題的視野。

最極端的使用者

當惠普請ＩＤＥＯ研究東非地區的小額信貸時，我們的人因專家不知道該從哪裡著手。我們對非洲的經驗不多，說我們是小額信貸專家實在過於恭維。正因為這樣，我們當然要接下這份工作。

我們派了一支兩人小組到烏干達旅遊，他們在首都坎帕拉和好幾個鄉下聚落進行定點探訪，從當地婦人口中了解小型信貸的實地現況。他們在實地調查中注意到，當地亟需建立正確的金融交易紀錄，他們也發現，當地沒有我們習以為常的工具和科技可以做到這點。電子電路在非洲鄉下並不普遍。他們需要簡單耐用的零件，產品要設計成容易修理或可便宜更換。重新編寫一個類似微軟視窗的介面，對使用多種方言的小型部落實在太過昂貴。他們兩人觀察得越仔細，限制清單就越寫越長，兩人也越來越氣餒。

實地調查回來之後，團隊全員投入，開始設計產品，這項產品最需借助的，是ＩＤＥＯ幾十年來和玩具產業而不是消費型電子產業合作的經驗。這項設備使用簡單現成的電子零件，價格便宜，到處都能買到，也很容易修理。我們放棄大型、昂貴的顯示介面，在按鍵上加了一個簡單的印刷紙鍵盤，這麼一來，需要更換新語言的時候，只要重新印一張紙就可以，甚至用手寫也沒問題。這款「萬用遠程交易機」無法在一年一度的拉斯維加斯國際消費性電子產品展上造成轟動，但對開發中國家的新興市場卻是非常適合的工具。更棒的是，這部機器不只可以用來登載小額信貸紀錄，還可以遠端監控醫療事件、農業議題、供應鏈管理等等。

我在前文中提過，找出極端使用者會有哪些好處，以及最令人驚嘆的洞見往往是來自向外尋找、到邊緣市場發掘。這麼做的目的，與其說是為那些遠離主流的邊緣人口做設計，還不如說是要從他們的熱情、知識或他們身處的極端環境中汲取靈感。然而，我們可能過於膽怯，不敢去深思其中的意含。哪怕我們的觀察對象是南韓的青少年科技達人，也有助於我們思考美國中年人的未來，我們太過執著於熟悉的地方和人群，太過執著於基本上屬於我們自己的消費者導向問題。很少會想到，去世界上最貧窮、最受忽視的角落，向那些淪落到體制之外的人們學習生活的智慧，但正是在這些地方，我們可以為這些最迫切的問題找到全球適用的解決方案。

需要往往是創新之母。

這論點有可能引發誤會。雖然貢獻我們的才華來根絕可預防的疾病、救濟災難和改善農村教育是一件值得稱讚的事，但我們往往會不假思索地把這類干預歸類為比較高尚的社會行動，和商業的實際考量不同。這些是基金會、慈善機構、志工和非政府組織的管轄範圍，不屬於「卑鄙的企業」，後者只關心底線問題。然而，這些都不再是令人滿意的模式。只在乎讓市場佔有率提高零點幾個百分點的企業，將錯失改變遊戲規則的絕佳機會；而只會單打獨鬥的非營利組織，則可能自外於豐富的人力和技術資源，無法創造有系統、可延續的長期改變。

極具影響力的商業策略家普拉哈（C. K. Prahalad）曾寫道，未來的財富將出現在「金字塔的底端」的財富，唯有那些敢大膽走向世界最貧窮的公民，而且不是把他們當成廉價勞工的供應者或大筆慈善捐款的受惠者，而是把他們視為創意企業合夥人的公司，才有辦法發現。普哈拉筆下的印度馬杜賴（Madurai）亞拉文眼科醫院（Aravind Eye Hospital），就是一個好例子。

印度體驗之旅

亞拉文醫院是一九七六年由范卡塔斯瓦米（Dr. G. Venkataswamy）創立，眾人口中的「范醫生」，目標在尋找各種方法，讓貧窮和發展中國家的居民得到醫療照護。在那個時候，這類工作只有兩種做法：一是從西方進口醫療業務和設備，但大多數的印度人其實無福享受；二是倚賴「傳統」醫療，往往也就是不做任何治療，更別提應用現代醫療研究的成果。但范醫生認為，一定有第三條路存在。

我自己的印度體驗之旅，是從造訪馬杜賴市郊某座「亞拉文行動眼科營」開始，馬杜賴位於南印度的泰米爾那杜邦（Tamil Nadu）。我當然不指望在這個計畫社區裡看到整齊清潔的住宅。另一方面，我也沒為眼前的景象做好準備：用紙箱和鐵皮胡亂拼湊的貧民窟，簡陋的房舍交錯在拉賈（Raj）時期留下的工廠之間，和沃爾瑪百貨停車格一樣大小的商店裡，賣著應有盡有的民生必需品。但我也看到人們接受眼睛檢查；我看到比較複雜的案例透過衛星系統傳回醫院，由經驗豐富的醫生做出最後診斷；我看到可以接受切除手術的白內障病患，搭上開往亞拉文醫院的巴士，準備在當天動手術。

亞拉文擁有內部自行製造的設備，可以生產白內障手術需要的人工水晶體和縫線。這是一個驚人的案例，把無比嚴苛的限制當成靈感，啟發突破性的創新。得過阿育王基金會、麥克阿瑟基金會和施瓦布基金會社會企業獎的葛林醫師（Dr. David Green），在亞拉文和巴拉克里希南醫生（Dr. P. Balakrishnan）一起工作，他認為，或許有可能利用小型的電腦輔助製造科技，在當地生產人工水晶體。這麼一來，就不必以每對將近兩百美元的天價，從外國醫療供應商那裡進口。

一九九二年，葛林透過他的非營利「衝擊專案」（Project Impact），在一家醫院的地下室成立小型製造單位，開始生產塑膠鏡片。接著逐漸擴大到生產縫線，最後還讓這兩項產品符合所有的國際標準，可以出口到世界各地。歐若實驗室（Aurolab，這是他們後來為那個新興的地下室公司取的名稱）如今已成為開發中世界最大的人工水晶體和縫線出口公司。最近，他們剛剛搬到新工廠。葛林這位眾所公認「接二連三創立新事業的社會企業家」，已經把注意力轉到失聰和兒童愛滋藥物——這項全球性的計畫是從亞拉文內部的一項原型發展而成。

在醫院裡，我們穿上醫護刷手衣、參觀病房，那裡的醫師每年執行的手術量超過二十五萬次。生產線運作流程是亞拉文高效能的核心所在。當醫生以快速精準的程序移除某位病患的受傷水晶體時，下一名病患就在手術室旁邊預作準備。術後恢復並不是在配備衛星電視和漂亮鮮花的時髦病房裡進行，這裡只有鋪著燈心草蓆的簡陋房間，病患在這休息一晚，隔天返家。照西方的標準，那根本談不上豪華，但對當地病患而言，就和睡在家裡一樣舒服。有大約三分之一的病患可以免費就診，其他人則採取差別費率，從三千披索（約六十五美元）起跳，但不論付費與否，得到的待遇都一樣。

西方的醫生、醫院行政人員、建築師或工業設計者，大概都不會放棄昂貴的病房，改用燈心草蓆和水泥地板，即便他們的任務是幫助盲人。這項洞見是來自范醫生對貧窮文化的同理心。他明白，病房設備只要符合足夠的醫療標準，其餘部分遵照村民的習慣就可以了，這種做法可以讓他用更經濟的方式為更多窮人服務。而他的確成功了。亞拉文眼科醫院已經幫助過數百萬名病患。歐若實驗室以三十%的利潤運作，並用這些利潤來資助尼泊爾、埃及、馬拉威和中美洲的診所。亞拉文的運作模式可以自給自足，診所也不再像大多數的西方健康照護機構那樣，需要仰賴慈善捐款，所以亞拉文的管理團隊可以運用私人捐款去資助其他的額外工作。

雖然有很多人把亞拉文的企業模式譽為「慈悲的資本主義」，但身為一名設計師，置身該地的體驗告訴我，即便在束縛重重的情況下，依然可以發揮極大的工作潛能。反諷的是，美國企業的聖杯——創新帶來突破性解決方案並提高利潤——竟然是擺在印度鄉下一家眼科診所的草蓆上。亞拉文不只造福了馬杜賴、旁迪遮里（Pondicherry）和醫院運作範圍內的其他城市居民，還把它的構想和做法輸出到其他開發中地區的醫療照護機構，甚至擴大到這些地區之外。確實有跡象顯示，西方世界有可能接受亞拉文以及其他類似醫院的做法。不僅有來自美國和歐洲的年輕外科醫生在亞拉文受訓，甚至連病患也開始到印度進行醫療之旅，他們只要付出在紐約或洛杉磯接受治療的零頭費用，就能得到世界級的照護。

范醫生於二〇〇六年過世。在他人生的最後階段，每當談到他對亞拉文的願景，他總愛拿麥當勞當作夢想標準，希望能把同樣的規模和效率帶進醫療院所。他的成就在於，以環保有機、永續的方式，利用同理心、實驗和建立模式這類設計思考家的工具，達到和麥當勞旗鼓相當的效率。

精神糧食

從亞拉文往北走約一千英里，在新德里的市郊，有一處由印度國際發展企業（International Development Enterprises）設置的示範農場。由社會企業家波拉克（Paul Polak）創立的國際發展企業，它的任務在於為開發中國家的小農需求提供低廉的解決方案。通往農場的小路兩旁，全是健康作物農田，以各種不同的技術進行灌溉。其中一個角落裝了滴灌管，另一個角落則是用最簡單的廉價材料製造的灑水器。印度國際發展企業負責人薩丹奇（Amitabha Sadangi），一再重複同一句話：幫窮人做設計，從頭到尾都要把費用當成第一要務。每一個細節都必須設計到剛好滿足需求並徹底發揮效能，不能有絲毫浪費。

對大多數的西方製造業者而言，這做法似乎非常合理，但薩丹奇和波拉克又把它往前推進一步。在一個四季產量變化劇烈的農業區，農民的任何投資都必須要在一個生長季內回收好幾倍才行。美國農民可以貸款買一部十幾萬美元的牽引機，然後花上好幾年的時間慢慢還本，但開發中國家的農民冒不起這個風險，他們也沒有資金可以做這類投資。這項限制催生出種種極具潛力的創新，可以改造開發中世界的農業，甚至將影響力擴充到更大的地區。

國際發展企業設計的許多滴灌產品，並不像我們西方人以為的那樣，是要用上十年或二十年，而是只要夠未來一、兩季使用就夠了。這種短視近利的做法看在西方工程師眼裡可能很不負責，但國際發展企業正是利用一些持久性較差，但也因此相對便宜的材料，把灌溉價格降低到平均每二十平方公尺的田地只需五美元。由於價格低廉，農民有把握灌溉所增加的蔬果產值，可以讓成本回收好幾倍，然後利用這些錢在下一季灌溉更多土地。國際發展企業藉由壓低成本，讓農民有能力利用盈餘進行再投資，以低風險達到經濟穩定成長的目標。然後，隨著農民對廉價系統的需求越來越高，國際發展企業就和亞拉文一樣，可以在具有永續性的商業模式上進行運作。

這項做法很可能會對印度、非洲和其他地區的自耕農帶來顯著差異，然而它的潛在衝擊或許比這更為深遠。以低價的基本款產品為顧客快速創造財富，諸如這樣的整體性設計構想，也非常適用於農業以外的領域。在開發中地區，這套商業模式已經套用在行動計算、通訊服務、淨水輸送、農村醫療和低價住宅等方面。那麼，西方國家的許多相同部門為什麼不能採用同樣的做法？眼前這場重創已開發世界的經濟強震說明了，當前的主流模式已告失效。或許沒有比這更好的時機，可以讓我們停下來想像一下，我們該如何走向一個可以利用購物來創造財富，而不只是消費財富的社會。設計一些可以快速還本的產品、服務和商業模式的構想，似乎非常具有吸引力，而這樣的構想之所以會最早出現在那些大多數民眾別無選擇的地區，其實並非偶然。

諸如亞拉文眼科醫院、國際發展企業和其他許多類似的組織，都正在實驗各種新做法，衡量這些做法成功與否的標準並不是利潤，而是它們所產生的社會衝擊，以及它們會刺激我們去思考，如何將這些教訓應用到其他地區。就某方面而言，先前我們也看過這類創新，豐田、本田和日產最初之所以如流星般快速竄起，正是因為它們在底特律車廠競相在汽車的高度和尾翼上爭勝的時候，以低價的解決方案為自己打開一片市場。它們不斷向世人展示，在本質上和「日本」無關的好設計、高效能、少耗油和低成本。

也許，亞拉文的模式不是「反彈」，而是向我們顯示前進的道路？與最極端的使用者在最無情的條件限制和最高昂的失敗代價下並肩合作，這不只是一種社會論點。也是關於我們該如何尋找具有全球關聯性的機會，以及我們該如何避免成為新競爭者的犧牲品，因為這些競爭者可以在謹慎保守的組織不敢深入的環境中成長茁壯。

合作對象

許多社會企業家，無論是否採用過或聽聞過「設計思考」，他們應用的都是設計思考的原則。因為根據定義，社會議題就是以人為中心的。世界上最好的一些基金會、救援機構和非政府組織都知道這點，但他們大多缺乏適當的工具，將這項信念建立在永續前進的企業精神之上，只能倚靠外部捐款，而無法把服務對象的才能和資源化為推動的燃料。

二〇〇一年，諾佛葛拉茲（Jacqueline Novogratz）創立了「聰明人基金（Acumen Fund）」，一個以紐約為基地的社會公益基金，投資東非和南亞的企業，致力以永續的方式為窮人服務。「聰明人」同時投資營利和非營利企業，範圍從特許健康診所到低價住宅都包括在內。它的經營模式得到舉世關注。諾佛葛拉茲曾明確指出，她的領導團隊如何在投資「績效」的標準公式之外，運用設計思考來評估個別投資的成就，在企業存續和社會影響之間取得平衡。由於IDEO對於如何利用設計思考來平衡商業目標和慈善宗旨同樣深感興趣，所以我們成了聰明人基金的長期合作夥伴。

我們的合作開始於一系列的工作營，研究有哪些重大需求可以轉化成為可行的專案，包括預防瘧疾的蚊帳、衛生保健和下水道設施等等。我們決定以淨水問題為焦點。在開發中世界，大約有十二億人口因為不安全的飲水而有致命之虞。就算是取自品質純淨的水源地，往往也會在漫長的運送過程中遭受污染，因為很多地方依然得靠雙腳運送，而路面的狀況通常都很差。團隊制定的設計綱要如下：我們可以怎樣設計安全簡易的儲水和運水方式，改善低收入社群的健康和生活狀況，同時為當地的企業家創造機會？

在專案推動過程中，我們收集的洞見除了關於解決方案本身，也有同等數量是和如何將我們的構想付諸實行有關。構想不論多吸引人，如果無法得到印度或非洲顧客的認同，也就毫無價值可言。為了達到這點，專案團隊打入人類學家紀爾茲（Clifford Geertz）所謂的非政府組織和實務企業家的「地方知識」，從中得到許多適合在地文化的構想：利用手機或預付券的新繳款方式，營造輸送工具的品牌印象讓更多人認識，所有權屬於社區並由社區負責經營在地運輸站。接下來的重點是，如何支持這些地方團體，幫助他們將構想化為產品，送入市場。

亞拉文、國際發展企業和聰明人基金，不僅製作出設計精良的產品，更示範了如何將設計思考應用到問題的每一個層面：產品本身、產品所體現的服務、提供服務的企業所採用的商業模式、企業背後的投資者等等。把這些組織想像成好心、有錢、不切實際的社會改革者，是一種誤解。這些社會企業已經落實了「需求性—可行性—存續性」三者兼具的目標。如此一來，自然會產生跨領域的提議。在亞拉文的案例裡，大多數的設計思考家都是醫生而不是設計師。聰明人基金的設計思考家，則是創投人士和研發專家。他們學會如何和政府官僚周旋，以及如何適應現有的基礎設施，因為系統性的問題唯有透過全面性的協同合作，才有辦法處理解決。

做些什麼？

與那些恐怕得要想盡辦法才能在已經飽和的市場中打出一小塊新縫隙的公司比起來，和社會參與相關的設計機會可以說遍地皆是。的確，這本身就是一個問題，至少在設計思考家大量投入之前是如此。洛克斐勒基金會最近邀請ＩＤＥＯ一起思考，如何讓設計產業發揮更大的力量來解決社會問題。我們訪問了數十個非政府組織、基金會、顧問公司和設計師，得到的最顯著洞見是，我們的努力因為過於分散而變得薄弱。每位設計思考家手上都有十個專案在瓜分他們的時間和才華，而且其中有九十五％是關於非洲、亞洲和拉丁美洲，這讓挑戰變得更加複雜，不論是利用實地調查收集洞見，或是快速將構想反覆製作成原型，難度都提高了不少。

解決之道是要找出方法匯集全球設計思考家的力量，這樣才能創造出具有爆發性的臨界量、增強衝力，開始針對某些挑選過的議題做出實質的進展。其中最有前景的範例之一，是辛克萊（Cameron Sinclair）一九九九年成立的慈善組織「人道建築」。辛克萊利用網站聚集建築人才，在重大災難發生時（例如二〇〇四年的南亞大海嘯和隔年的卡崔娜颶風）接下緊急收容所和庇護所等設施的設計工作。二〇〇六年的TED大獎讓他進一步創立「開放建築網路」，提供一個平台處理範圍更大、更系統性的議題，而不只是針對緊急事件做出反應。這個網路的小小使命是：藉由提出設計挑戰、張貼設計解決方案讓大家分享改進、連結利害關係人，以及創造解決設計問題的參與式途徑，來「改善五十億人民的生活水準」。它所追求的實際目標是，以聚集、聚焦和增強的方式，讓全世界建築師和設計師的集體力量發揮槓桿效用。

如果有必要設定優先順序，聯合國的千禧年發展目標是個很好的起點。不過

「根絕赤貧」和「推動兩性平等」這兩項目標實在過於廣泛，無法作為有效執行的設計綱要。如果想實踐千禧年發展目標，就必須把它們轉譯成實際可行的設計綱要；也就是說，要弄清楚所有的限制條件，並建立衡量成功的標準。比較有成功希望的問法應該是：

- 如何讓貧窮的農民利用簡單廉價的產品和服務，來增加土地生產量？
- 如何透過更好的教育和求助管道增強青少女的能力，讓她們成為具有生產力的社群成員？
- 如何在鄉村地區訓練和支持社區保健人員？
- 如何找到低價的替代方案，取代都會貧民區的燒炭和煤爐？
- 如何設計不需電力供應的嬰兒保溫箱？

如同每位設計師都知道的，關鍵在於製作出彈性靈活的設計綱要，讓團隊的想像力得以釋放，同時提供足夠的專業，將構想植入目標受惠者的生活當中。

在家顧健康

最重大的社會設計課題，並不是都發生在開發中世界。西方的健康照護目前也瀕臨危機，而這只是最明顯的案例之一。的確，對數百萬美國人而言，這套制度已經出毛病了。持續攀升的成本讓健保制度搖搖欲墜，而我們這個社會卻還沉溺在不健康的生活方式，不斷付出龐大的社會和經濟代價。醫療研究人員全力研究如何治療心臟病、癌症、中風、糖尿病等慢性疾病，政策專家負責改善醫療行政和照護供應的效率。然而，在這種各自為政的情況下，再多的努力也不夠。必須把這些分散的途徑和研究整合起來，而這正是設計思考可以派上用場的地方。

在藥物方面，病人的情況穩定之後，更大的挑戰就是找出症狀的根源；也就是從問題的治療面轉移到預防面。肥胖就是其中的一大要項，西方社會的前幾大死因都和肥胖有關，而且臨床數據顯示，肥胖的比例已達到流行病的程度。導致肥胖的因素有部分和個人的生理、文化、人口和地理環境有關，除此之外，其他多屬於個人選擇範圍。而這些部分，全都是設計思考可以發揮效用的機會。

近幾十年來，兒童肥胖症的發病率如煙火般直往上衝，根據美國疾病管制和預防中心的統計，現今兒童過重和肥胖的數量是一九八〇年的三倍。以往俗稱的成人型糖尿病，已經改名為第二型糖尿病，因為罹患者不再限於成人，注射胰島素的小孩也不再罕見。在個人層次，一開始我們可能想，為什麼小時候養成的不良飲食習慣長大後很難改變。然後我們可以開始思考方法，處理其中幾項議題。某些學區曾經禁止小吃店和自動販賣機販售垃圾食物，但這種剝奪小孩吃他們愛吃食物的消極做法，只是自欺欺人。

比較可行的做法，是像渥特斯（Alice Waters）那樣積極引誘，她是柏克萊帕尼斯家餐廳（Chez Panisse）的創始人。渥特斯曾經提出一項稱為「吃的校園」（Edible Schoolyard）建議，鼓勵學校自行種植蔬果，為營養午餐提供健康安全的食材，同時教育孩童，讓他們知道食物是從哪裡來的。在英國，名廚奧立佛（Jamie Oliver）發展他的「學校午餐」計畫，與地方當局合作，提供更健康、更好吃的食物。這兩個案例，都是對設計挑戰的回應。他們沒有提出「終結兒童肥胖症」這類義正詞嚴的目標，而是做出設計思考家的提問：「我們該如何……鼓勵小孩吃更健康的食物？」

這道肥胖方程式的另外一半，是必須運動和健身——經濟學家和營養學家可能都會同意把這稱為「投入—產出」（input-output）模式。我們一方面吃進過多的卡路里量，同時又很少運動。對於這個傳統上屬於醫療或政策領域的問題，設計思考家同樣有貢獻所長的機會。比方說，耐吉除了動員它的內部設計團隊提供運動員所需的配備之外，也要求設計團隊理解運動員的行為。後面這項做法往往又會帶動新一輪的產品創新。自二〇〇六年起，耐吉的客戶們利用一項安裝在慢跑鞋裡的簡單裝置，追蹤了超過一億英里的路程。這項裝置可以把跑者的步幅和距離等數據傳送到他們的 iPod 上，回到家後，把數據上傳到網站，便可以檢查自己的累積進度，也可以和其他跑者做比較。耐吉的創新在於，讓民眾評估自己的行為成效，藉此達到封閉資訊迴路的目的。任天堂的 Wii Fit 同樣打中了人們想要看到結果的心理，但是，唉，不必離開他們舒適的客廳。

這些鼓勵健康行為的小小步伐，必須邁跨無數次，才能累積出明顯的社會效益，但無論如何，它們至少暗示了希望存在。設計思考家已經掌握到訣竅，懂得如何從個人動機和行為角度來趨近重要的社會議題，但還必須針對社會力量進行分析，因為這些力量會限制我們在第一時間所能做出的選擇。健康身體是健康社會的必要條件，但不是充分條件，反過來說也成立。社會思考家已經變成繞著地球跑的行動主義者，積極利用他們的技巧來解決社會失調的根源。

從全球到在地

英國工業設計委員會是二次大戰結束時，為了促進戰後經濟復甦而成立，但打從成立之初，它就把任務擴大成：應用設計來解決紛繁多樣的當代社會議題。近年來，設計委員會（現在的稱呼）開始和中央及地方政府合作，為十年前無法想像的一些問題，提供具有創意的解決方案。在「Dott 07」（當代設計07）這個計畫裡，委員會提供一年的贊助，支持英格蘭東北地區所有以社區為基礎的專案、競賽、展覽、會議、研討會和節慶，去研究下列這類問題：「設計可以對打擊犯罪提供哪些協助？」、「重新設計食物生產系統的時機已經成熟了嗎？」，或「設計如何讓學校永續發展？」等。「設計和性健康」是其中特別成功的一項計畫，目的是想在宣傳和隱私之間取得平衡，鼓勵民眾多加利用這項令人羞於啟齒的社會服務。專案小組首先針對一千兩百位居民、社區領袖和健康專業人員進行意見調查，接著製作出一項整合通訊、教育、診所和服務設計的方案，把焦點集中在門診訪客的體驗而不是疾病上。

柯特姆（Hilary Cottam）曾當過設計委員會的主任，她讓這種做法朝地方性設計思考邁進一步。她和創新專家李德彼特（Charles Leadbeater）及數位企業家馬納塞（Hugo Manassei）合作，創立「分詞」（Participle）組織，致力於透過地方社群和世界各地領導專家的協同合作，創造新的解決方案。分詞團隊採取設計導向的做法，並奉行貝佛里奇爵士（Sir William Beveridge）的英國福利國家哲學，從老年人的寂寞到年輕人如何融入社會，都是該組織處理的議題。一項稱為「南華克圈」（Southwark Circle）的專案，催生出一個協助老年人料理家務的會員組織。專案小組在二〇〇九年初於倫敦南方的南華克地區推出這項服務之前，曾邀請老年人及他們的家庭一起修正構想、建立模式。柯特姆相信，對社區型的社會服務而言，由地方自行設計出來的解決方案，最後一定能發展成全國模式。

設計未來的設計思考家

就長期影響而言，或許最重要的機會是透過教育。設計師已經學到一些強而有力的方法，可以提出創新性的解決方案。我們如何利用這些方法來教育下一代的設計師，甚至利用這些方法來思考，該如何重新改造設計教育，將人類豐沛的創造潛能釋放出來？

二〇〇八年，我在加州帕瑟迪納（Pasadena）設計學院的藝術中心，和學生談論「認真玩創新」（Serious Play），這個概念把我們小時候參與過的活動，和創新創意的特質連結起來。我指出，利用雙手探索世界、透過建造測試構想、角色扮演，以及其他無數活動，全都是孩童階段遊戲時自然流露的特質。然而隨著成長踏入成人世界，這些珍貴的才能也跟著喪失大半。這項轉變的第一個起點，就是發生在學校。由於學校教育完全集中在分析、歸納及思考，使得大多數學生畢業之後，不是認為創意無關緊要，就是相信那是少數天才怪胎的特權。

當設計思考應用到學校時，我們的目標當然是要發展不會根絕孩童的實驗和創造天性，反而還能鼓勵強化的教育體驗。就整個社會而言，我們未來的創新能力取決於是否有更多人精通設計思考的整體原則，就像我們的科技本領是取決高水準的數學和科學修養。一家靠工業設計贏得名聲，客戶多半是蘋果、三星和惠普等科技大廠的公司，居然開始介入學校教育，或許有點令人意外，但ＩＤＥＯ的工作的確有越來越大部分是關於公私立中小學、大專院校，以及凱洛格基金會等團體所提出的教育建議。

歐蒙戴爾（Ormondale）公立小學，位於富裕的灣區波特拉谷。該校的教職員堅信，「我們不能再用十八世紀的方法來培養二十一世紀的學子」。歐蒙戴爾和我們的企業客戶相反，它要的不是設計完成的計畫，而是一個容易執行的流程，協助將來的計畫執行者，也就是老師，自行設計。團隊展開腦力激盪，帶領工作營，建立課程模式，同時進行類比觀察，對象從野生動物保護網絡到摩門教食物配送網絡等機構。如今，歐蒙戴爾的老師們已根據「研究學習」的共識，發展出一整套工具，致力將學生培養成知識的追求者而不是資訊的接收者。這個參與式設計的過程，就是最後成品的真實寫照：一個參與式的教學環境。

反思教育結構的機會，從小學到大學一路存在。舊金山加州藝術學院，便在傳統的藝術學校架構之下，應用設計思考的原則——以使用者為中心的研究、腦力激盪、類比觀察、建立模式——替未來的藝術教育規劃出精細的策略藍圖。倫敦的皇家藝術學院和帝國學院攜手合作，在藝術和工程領域找到相異互補的創意解決類型，強化彼此的力量。多倫多安大略藝術和設計學院的學生，則是有機會和多倫多大學羅特曼管理學院的學生合作，共同追求創意和創新。

在史丹福的哈索普萊特納設計學院，也就是所謂的「d-School」，可以看到一種最新的實驗。d-School並不打算教育傳統的設計師，事實上，它根本不提供任何「設計」課程。它的目的是，提供一個獨一無二的環境，讓醫學、商業、法律和工程等所有領域的研究生聚在一起，共同設計符合公共利益的專案。d-School鼓勵學生在每個專案裡採用以人為中心的研究、腦力激盪和建立模式，同時也將這些設計思考的核心原則應用在自己身上。空間可以互換，學位無關緊要，課程永續不絕，簡單來說，就是教育過程本身不斷演進的模式。

尋找方法，應用設計思考原則來解決社會問題，正是今日最具企圖心的設計師、企業家和學生深感興趣的課題。這些社會問題可能發生在坎帕拉郊區，發生在紐約社會創投基金的辦公室，或加州的小學教室。貢獻他們的力量，並不是剛畢業那幾個月或退休之後想要「做點回饋」而已，而是因為，最困難的挑戰往往蘊藏著最巨大的機會。

這一章所強調的專案和個人特質，都和慈善、施捨或自我犧牲無關，而是一種真正的利益互惠。「輟學或停職」一兩年去尼泊爾或薩爾瓦多幫助和平部隊（Peace Corps）蓋操場，並沒什麼不對。然而，以上檢視的種種提議，並不是要呼籲受過精良訓練的專家中斷他們的生涯，而是要改變方向，去服務那些需求迫切的人。

如果我們能在彼此的優良構想上接力前進——這也是設計思考的關鍵信念之一——我們至少可以暫時把焦點集中在某些議題上，讓我們的成功可以隨著時間和地點不斷累積。這可以從培養孩童的天生創造力做起，讓這種創造力在進入教育系統之後繼續維持，變成專業生活的一部分。而最好的做法，就是將未來的設計思考家注入教育的管道。

Chapter 10

設計未來

現在就做！

設計思考不只能幫助企業成功，也能促進人類的整體福祉，以這個激勵人心的主題作為本書的結尾，實在是件非常吸引人的事。前面九章所描述的人物和專案，都是站在設計思考的最尖端。這些案例讓我們看到，當人們抓住正確的問題，並順著問題的邏輯一路走下去，會產生怎樣的結果。借用史丹福教授菲佛（Jeffrey Pfeffer）和蘇頓（Bob Sutton）的一句話，設計思考還必須為「知與行之間的鴻溝」（knowing-doing gap）搭起橋梁。設計思考的各項工具，包括：走進世界尋找靈感、製作原型從做中學、創造故事分享概念、結合其他領域的力量等等，都是可以加深知識和拓廣行為衝擊的方式。

在這本書中，我不只想證明，設計師的技巧確實可以用來解決更廣泛的問題，更試圖強調，這些技巧並不是與生俱來，也不像一般認為的只局限在某些天才或怪胎身上，而是許多領域的人都可以學習的。當我們把這些技巧應用在最具挑戰性的「設計人生」問題上時，這兩條線就會合而為一。

起動

設計思考是從謙卑之心逐漸演化而來：工藝家莫里斯、建築師萊特，以及工業設計師德雷夫斯和伊姆斯夫婦，他們的成就，都是源自於渴望讓周遭世界變得更可親、更美麗、更有意義。隨著設計師不斷追求設計行為的系統化和概念化，這門學科也就變得越來越複雜、越來越講究。

我們很難用一道簡單公式為書中提到的設計思考家分類。儘管我們習慣把人分成思考派或行動派、分析者或歸納者、右腦藝術家或左腦工程師，其實我們都是完整的人，**只要把人放在對的環境，對的特質就會浮現**。在離開藝術學校時，我認為設計是一種非常個人化的藝術，我當然不曾想過設計要如何跟商業、工程或市場結合。等踏進專業實踐的真實世界，發現自己經手的專案完全反映了周遭世界的跨領域複雜性，我埋首其中，並開始發覺自己前所未知的才能。因此確信，只要有機會並願意接受挑戰，大多數人都會有同樣的體驗，也都有能力應用設計思考家的整體技巧來解決商業、社會和人生的問題。

設計思考和你的組織

參與研發和策略抉擇

設計思考始於歧異，始於絞盡腦汁擴大而非限制選項的範圍。設計師喜歡鑽研新趨勢，但這項天性如果等到創新過程尾聲才開始發揮，便幾乎沒什麼價值，因為到那個時候，故事的高潮張力已過。公司應該請設計思考家在董事會坐鎮，參與策略行銷決定和早期階段的研發工作。他們可以集合大家的能力，創造出預料之外的新構想，並利用設計思考工具來研究策略。設計思考家可以連結上游及下游。

以人為中心的走向

由於設計思考必須在使用者、科技和商業之間取得平衡，因此本質上它是整合性的。然而設計思考的起點，是為了嘉惠目標使用者，正是因為如此，我才會一再指出，設計思考是「以人為中心」的創新走向。設計思考家觀察人們如何行為，觀察產品和服務的體驗情境會如何影響人們的反應。他們除了考慮物品的性能功效，也會思索它們的情感意義。他們企圖找出人們未曾明言的潛在需求，然後將這些需求化為機會。設計思考家這種以人為中心的做法，可以讓新產品與顧客既有的行為產生連結，提高顧客的熟悉感和接受度。問對問題，往往就能決定新產品或新服務的成功：符合目標民眾的需求嗎？除了創造價值之外也有創造意義嗎？有引起永遠附屬於產品的新行為嗎？有創造引爆點嗎？

標準的預設做法，是從主要的商業限制著手，包括行銷預算、供應鏈網絡等等，然後逐步外推，然而這種戰術只會得出增值構想，很容易被對手複製。另一種常見的做法是從科技著手，但風險很大，而且最好是留給敏捷靈活的新興公司，因為它們比較有本錢把賭注押在沒還經過測試的新產品上。至於以人為起點的做法，則越來越常發展出突破窠臼的構想，也越來越容易被市場所接受，不論是時髦度假旅館的經理人或柬埔寨的自耕農。在這兩個端點上，第一步是要確保你的所有創新努力都能盡量貼近目標顧客的需求。大規模的市場數據並不能取代實際走入這個世界。

接受失敗，記取教訓

建立第一個原型的時間，是判斷創新文化是否具有活力的指標之一。可以在多快的時間內把概念化為形體，接受測試和改進？領導人必須鼓勵實驗精神，接受失敗並沒有錯，只要失敗是發生在早期階段而且能記取教訓。生氣蓬勃的設計思考文化，會鼓勵快速、便宜又會弄髒雙手的原型製作，將它視為創意過程的一部分，而不只是驗證完美構想的手段。

前景看好的原型會在設計團隊內部引發討論，一旦獲選為資助專案，將能得到熱情擁護。不過，原型的真正考驗是來自外界而不是內部，必須接受農民、學童、顧客或醫生等目標使用者的測試。原型必須接受測試，但不一定非得有實物。分鏡表、劇本、影片，甚至即興表演，都可以做出成功的原型。

尋求專業協助

我不會自己剪頭髮或換機油，就算做得到，也不會這樣做。有些時候，就是應該跨出自己的組織，尋找機會擴大創新的生態系統。有時，這會採取和顧客或新合夥人共同創作的形式。有時，則必須聘請專家，也許是科技專業人員、軟體駭客、設計顧問或十四歲的電玩高手。拜網際網路之賜，我們已經看到產品和服務如何越過被動消費的界線。積極參與型的顧客和合夥人不只會貢獻更多構想，甚至還可能架設死忠網站，讓你的競爭對手無法鬆動。創新者會利用Web 2.0的網路，擴大團隊的有效規模，更厲害的超級創新者則會做好一切準備，迎接3.0版的出現。

極端使用者往往是啟發洞見的關鍵。這些人可能是專家、是發燒友、是毫無保留的瘋狂粉絲，以出人意表的方式體驗這個世界。這些人讓我們把目光延伸到現有顧客層的邊緣地帶，看到在其他地方無法發現的議題。找出極端使用者，把他們視為寶貴的創意資產。請記住，你可能會在城市的另一頭或世界的另一端發現他們。

分享靈感

別忘了你的內部網絡。過去幾十年來，大家努力分享的相關知識，一直都是以效率為焦點，也就是如何讓現有的作業程序更加流暢。現在，或許應該換個角度，想一想你的知識網絡如何支持靈感，如何刺激新構想。該如何連結志同道合的族群，讓他們的共同熱情發揮加乘作用？在你的組織裡，新構想的命運通常為何？你可以把對顧客的洞見發想成各式專案嗎？你有沒有利用數位工具記錄專案結果，加深組織的知識基礎，並讓其他人可以從中學習、得到成長？

虛擬協作（virtual collaboration）的趨勢以及機票價格的攀升，很容易讓人忘了共聚一堂的價值。一百年後，這項觀念可能會顯得古雅有趣，但此時此刻，它卻是創造強力黏結的方式。給組織來個挑戰，想想有什麼方法可以不要開更多會，但又能花更多時間進行具有生產性的協同工作，並在當天下班前提出具體結果。面對面地培養團隊關係、滋養團隊感情，是組織最寶貴的資源之一。要盡可能讓它發揮生產力和創造力。當彼此認識、信任的團隊實際聚在一起的時候，最容易發揮接力構想的功效，而且通常會更有樂趣。

綜合大小專案

創新無法寶；這法寶通常不是銀子彈，而是「銀散彈」。多頭並進是創新的合理做法，但要想清楚，哪些最可能在組織裡發揮以小搏大的力量。要讓資產多樣化。要經營多樣化的創新組合，從短期的增值構想（如何提高今年車款的里程數），到長期的革命計畫（如何生產大豆油或太陽能燃料車）都要具備。你的主要努力也許都發生在增值區，但如果沒有持續研究更具革命性的構想，就可能遭受「攻其不備」的意外。缺點是：這些專案上市的比例較低；優點是：一旦上市，就可能發揮持久的影響力。

在增值區鼓勵實驗很容易，公司通常會鼓勵事業單位以現有市場和產品為基礎來驅動創新。但是創意領導人必然也會支持屬下追求突破性的想法，無論是引進新系列的辦公家具或全新的小學課程。大多數公司都有一套衡量部門績效的公式，但這種思考方式會破壞跨部門的協作，而部門之間的縫隙空間，卻正是最能獲利的機會所在。

跟隨創新腳步調整預算

設計思考的特色是，腳步快、難駕馭、愛破壞，因此很重要的一點是，要排除萬難，別讓棘手的預算週期或冗長的官僚報告程序拖慢它的腳步。與其破壞自己最寶貴的創意資產，不如事先做好準備，在專案展開後根據它們自身的內部邏輯，重新思考資金投入的時程，讓團隊更加了解眼前有哪些機會。

靈活調度資源對任何組織都是一大挑戰，在大型企業裡更是教人提心吊膽的事。但也有些幾近癱瘓的做法，完全倚賴市場預期和年度預算原則行事。有些公司會嘗試創投基金，利用它來支持有前景的專案；有些公司則是仰仗資深經理人的判斷，在專案達到某些突破點時開始釋出資金。判斷訣竅是，要了解突破點無法明確預測，以及每個專案都有它自己的內在生命。要有心理準備，預算方針會時常改變，考核過程是靈活調度預算的關鍵，這得倚賴資深領導人的判斷，而不是機械式的演算流程。這就是創投基金的運作方式，而靈活就是成功創投人的最大本事。

想辦法挖掘人才

設計思考家或許供不應求，但他們存在於每個組織裡，訣竅是：找出他們、培養他們，放任他們去做最擅長的事。你的員工裡有誰花時間去觀察顧客、聆聽顧客？誰喜歡動手製作原型勝於寫備忘錄？誰看起來可以從團隊工作中得到更多，而不適合放在優雅的小隔間裡？誰是靠著詭異的背景（或只是詭異的刺青）進入組織，這種人也許可以提供觀看世界的不同方式？這些人都是你的寶貴人才和資源。由於這些人很習慣被邊緣化，一旦有機會能從最初階段開始參與令人興奮的專案，想必會非常樂於接受。如果他們正好是設計師，那就趕緊把他們從優雅舒適的工作室裡拉出來，丟進跨領域的團隊。假如他們是來自會計、法律或研發部門，就給他們一些藝術支援。

挖掘內部資源之後，接下來就要思考如何招募新兵。從學校雇用「上道」的新進設計師，找一些實習生進來，讓他們和比較有經驗的設計思考家一起工作。給他們一些期限較短、但以擴散性思考為重點的專案。與組織上下分享成果。讓話題繞著設計思考打轉，然後新的信仰者就會慢慢出籠。對真正的創新者而言，沒有什麼比樂觀主義更具誘惑力。

走完一整個設計週期

有許多組織因為商業節奏的關係，大約每十八個月就會進行一次職務調動。然而大多數專案從起跑到執行階段所需花費的時間都比這更長，尤其是追求革命性突破的專案。如果專案團隊的核心成員無法跟著專案一路走到結束，對雙方都是損失。專案背後的指導概念很可能因此稀釋、減弱，甚至消失無蹤。成員則會覺得自己的學習曲線一直被中斷浪費，甚至留下無法擺脫的挫折感。從頭到尾走完一整個專案週期，是非常寶貴的經驗。

設計思考和你個人

把新東西帶進這世界，是一件非常美妙愉快的事，不論那是得獎的工業設計品、簡潔的數學證明，或發表在中學校刊上的第一首詩。許多人發現，培養這樣的個人成就感，是一股強大的驅動力。這正好也是健全的商業操作方式，因為拜它之賜，我們可以少看到一些大同小異、權宜妥協或無聊乏味的東西。

多問「為什麼？」

當父母的都知道，幼兒最愛不斷追問「為什麼？」，有時真會被他們問到火冒三丈。而每位父母也都曾在招架不住的時候，搬出家長的權威表示：「因為我說了算。」對設計思考家而言，問「為什麼？」是為了創造一個機會重新架構問題，重新界定限制，開啟更創新的答案。

不要把限制照單全收，而要先問清楚，這到底是不是有待解決的正確問題。我們真正想要的，究竟是更快的汽車或更好的交通？是更多功能的電視還是更好的娛樂？是時髦的旅館大廳還是一夜好眠？老愛問「為什麼？」或許會暫時惹惱同事，但長久下來一定會提高把力氣花在正確問題上的機率。最教人洩氣的，莫過於辛苦找出答案卻發現問題弄錯。回應設計綱要時要如此、為公司設計新策略時要如此、在工作與生活之間找出有意義的平衡點時也該如此——多問「為什麼？」。

張開雙眼多觀察

我們活了大半輩子，卻從沒注意到重要的事。當我們對某種情況越熟悉，就越容易把它視為理所當然，就是因為這樣，通常都是來訪的親戚帶我們去參觀惡魔島（Alcatraz）或金門大橋，或是帶我們去酒鄉度週末。我的朋友凱利很愛把「創新始於眼睛」掛在嘴上，我想把這句話稍作延伸：**好的設計思考家愛觀察；好的設計思考家會觀察日常生活**。養成習慣，至少一天一次，讓自己停下來，想想某件日常事物。花個一秒鐘時間，仔細看看某個動作或某樣人造物，你這輩子也許只會這樣仔細看它一回（或甚至連一回也沒），把自己當成正在偵查犯罪現場的警察。為什麼下水道的孔蓋都是圓的？為什麼我家的青少年會打扮成這樣去學校？我怎麼知道我該跟隊伍前面那個人保持多遠的距離？色盲是什麼感覺？

如果我們讓自己沉浸在工業設計師深澤直人和莫里森（Jasper Morrison）所提出

的「超平常」（the Super-Normal）狀況，我們一定能夠得到神奇的洞察力，看出是哪些不成文的規則指引著我們的人生。

視覺化呈現

用視覺方式記錄你的觀察和構想，哪怕只是筆記本上的速寫或手機裡的照片都沒關係。如果你認為自己不會畫畫，那真是太可惜了。但無論如何還是畫吧！我認識的每位設計師，都會像醫生掛著聽診器那樣隨身攜帶素描本。這些影像會變成構想的寶庫，可以參考分享。

發展構想時，也同樣要採取視覺化的方式。維根斯坦是二十世紀腦袋最清楚的哲學家，但他的座右銘卻是：「不要想，要去看。」視覺圖像可以讓我們用不同的方式看待問題，避免過度倚賴文字或數字。我發現，用視覺化的方式把這本書的內容做成心智圖，會比條理分明的目錄更加管用。因為心智圖可以給我一目了然的整體感，採用線性敘述的目錄就做不到這點。生物學家麥克林托克（Barbara McClintock）經常把「對有機體的融會」（a feeling for the organism）掛在嘴上。她的同事老愛揶揄她這種「過於情感化」的科學取向，直到她獲頒諾貝爾醫學獎，他們才終於住嘴。高爾用視覺化的方式將格陵蘭冰帽溶解的問題呈現在我們眼前，唐諾芬（Tara Donovan）讓我們看到幾百萬個塑膠杯疊在一起的模樣，正如他們所說，一張照片勝過千言萬語。

接力構想

每個人都聽過摩爾定律（Moore's Law）和普朗克常數（Planck's Constant），不過，當某個概念和它的最初發想人緊緊連在一起的時候，我們最好要抱持懷疑的態度。某個構想一旦變成了私人財產，很可能就會逐漸腐化、失去新意。相反的，一個構想如果能在組織上下四處遊走，經歷各式各樣的組合、排列和轉化，蓬勃發展的可能性就會增大。就像棲息地需要多樣化的生態，公司也需要百花爭鳴的構想文化。爵士樂手和即興表演者的藝術，都是在同伴們當下創造出來的故事上加入自己的才能，彼此唱和。有一堆「IDEO主義」漂浮在我們辦公室周圍，但我最愛重複的一句是：「三個臭皮匠，勝過一個諸葛亮。」

要求選項

當腦海裡浮現第一個好點子的時候，別立刻做決定，也別緊抓住第一個看似有希望的解決方案，往往還會有很多選擇陸續出現。要先讓百花齊放，接著進行異花授粉。如果選項開拓得不夠廣，多樣性就會不足。如此一來，你的構想就只會是增值式的，不然就是很容易被抄襲。

然而要做到這點並不簡單。追求新選項不但要花時間，還會讓事情變複雜，但唯有如此，才能得到更有創意、更令人滿意的解決方案。在這過程中，同事可能會沮喪、顧客可能會不耐煩，但最後的結果一定會讓他們更開心。你要做的，就是知道何時該喊停。這是一門藝術，可以意會，但無法言傳。設定截止日期是一種做法，這樣不只可以把花費的時間限制在一定範圍內，而且你會發現，隨著底線逼近你會變得更有效率。儘管盡情詛咒該死的截止日期，只要記得，那個時間會是我們最有創意的束縛。

彙編紀錄

像設計師一樣思考，最令人滿意的事情之一，就是結果看得到、摸得著。在專案結束時，會有某樣前所未有的新東西出現。記得，要記錄下過程。（我們不會等到小孩長大成人才幫他們拍照片！）拍攝錄影帶、保存草圖手稿、留下簡報資料，然後找個地方儲放實體原型。把這些資料彙編成作品集，為發展過程和一次次的腦力激盪留下紀錄（在績效評估、工作面試，或跟孩子述說你的豐功偉業時，都會很管用）。

波伊爾（Dennis Boyle）是ＩＤＥＯ的第八位員工，他把自己製作過的每一個原型全都保存了下來（他曾提議租一個停機庫來存放所有原型，但我們婉拒了）。當你保有這些紀錄，你很難不為自己的貢獻感到驕傲。

設計人生

設計思考源自設計師的訓練和專業，但這些原則每個人都可以實踐，也可以延伸到所有活動領域。不過，規劃人生、逐流人生和設計人生這三者之間，可是有很大的差別。

我們都認識一些按照預定計畫一步步發展人生的人。他們知道要上哪一所大學，知道什麼樣的實習工作可以邁向成功事業，知道幾歲要退休。如果出現落後或動搖的跡象，立刻會有父母、經紀人或「人生教練」幫他們拉緊繩索，導回正途。不幸的是，這不會有用（請記得「黑天鵝」的故事）。更何況，如果在起跑前就知道最後誰會贏，這比賽也就沒啥好玩了。

我們可以和所有優良的設計團隊一樣，抱持目標，但不欺騙自己我們可以預測每一項結果，因為那是屬於創造力的空間。我們可以模糊創意結果和創意過程。設計師在自然的限制下工作，懂得模仿自然的優雅、經濟和效率，而身為公民和消費者，我們也學會尊敬供養我們的脆弱環境。

最重要的是，把人生當成一件原型。我們可以實驗人生、發現人生、改變我們對人生的看法。我們可以尋找機會把過程轉化為專案的具體成果。我們可以學習享受我們創造的事物，無論那是短暫即逝的體驗，或可以代代相承的傳家寶。我們可以學習，報償是來自一次又一次的創造，而不是不斷消耗周遭世界。積極參與創造過程，是我們的權利和恩典。我們可以學習，用我們對這個世界的影響力而不是銀行存款，來衡量我們的構想是否成功。

這本書，是由維多利亞時代的工程師布魯內爾拉開序幕，他是我心目中的英雄，他生活的時代甚至連設計專業都還沒出現，更別提設計思考。隨著工業時代的挑戰擴及到人類生活的所有領域，一批批大無畏的創新者浩浩蕩蕩地追隨他的腳步，不只塑造了這個世界，也塑造了我的思考方式。在我建構的這趟「讀者之旅」中，我們遇到了其中幾位：莫里斯、萊特、美國工業設計家羅威，還有伊姆斯夫婦。他們全都具備樂觀心態、對實驗的開放精神、對說故事的熱愛、對異質性成員編組合作的需求，以及用手思考，強調原型實作的直覺——用簡單純熟的技巧去建造、製作和溝通複雜的構想。他們不只是做設計，更是活在設計裡。

我受惠最多、也最感激的偉大思想家，都不是精美圖冊中那些現代設計「先驅」、「大師」和「偶像」。他們都不是極簡主義者，不是設計菁英圈裡的神祕人物，也不會穿黑色高領毛衣。他們是充滿創意的創新者，可以為知與行之間的鴻溝搭起橋梁，因為他們滿懷熱情，致力打造更美好的生活、更美好的世界。今天，我們有機會以他們為模範，爆發設計思考的力量，用它來探索新可能、創造新選擇，為世界帶來新的解決方案。在這個過程中，我們可能會發現，我們讓社會變得更健康、讓企業更獲利，也讓我們自己的生活更豐富、更具影響力、更有意義。

Chapter 11

設計的「再設計」

提姆・布朗和貝瑞・凱茲

據稱一七五〇年時的英國農夫，相較於其孫兒，還跟西元前一七五〇年的英國農夫有更多共同點。自蒸汽吹響工業革命的號角，然後換電力接棒，直至最近由電腦驅動，令現代人感到眩目、刺激又生畏的改變步調。然而在現代，改變的速度快到難以想像。回顧出版《設計思考改造世界》後的十年歲月，或許不能只靠新的一章，而是一本新書，才能說明這些迴響：在過去五年內，雲端運算讓資訊技術從資本性投資轉為基礎設施；蘋果公司在二〇〇七年推出的手機iPhone，可說是有史以來最成功的產品；二〇〇九年時，出現區塊鏈（Blockchain）、Airbnb和Uber，以及去中心化的點對點經濟（peer-to-peer economy）；Google在二〇一〇年宣布自動駕駛車（autonomous vehicle，後簡稱自駕車）計畫；二〇一二年基因編輯工具（CRISPR問世；另外DNA技術的商業化，依循著從實驗室流通至市場的軌跡，一如四十年前電腦的發展。十年前，「Isis」仍是一位古埃及女神的名字；「TheFacebook（臉書）」仍擠在帕羅奧圖市區一家賣珠子店鋪樓上的小套房裡；住宅區的空中尚未有嗡嗡作響的無人機；而「社群媒體」和「氣候變遷」等概念仍尚未普及。人類歷史上應無另一個影響如此巨大又深遠的十年了。

逐漸成形的共識是，這些轉變的深度和廣度，加上所有附帶的顛覆和脫序，足以構成「第四次工業革命」。就算蒸汽、電力和電腦的改革速度相對和緩，革命仍不是一段平和的過程——只要讀過狄更斯（Charles Dickens）和蓋斯凱爾（Elizabeth Gaskell）的「工業派」小說，或是凝望現代主義畫作中的痛苦動盪就可知曉。但相較於這些早期的革命，人類社會和文化有幾十年的時間慢慢消化其影響，現在的革命正以前所未有的速度和規模展開。所以最重要的是，在我們被改變的浪潮淹沒之前，先掌握其精髓。

為因應這十年來持續顛覆的挑戰，設計專業也有空前的成長與調適。在一九七〇年代早期，理論家里特爾（Horst Rittel）向設計師挑戰，將注意力從簡單的問題轉移到他稱之為「棘手的問題」上：那些複雜、沒有正確答案又模稜兩可的問題；那些源自於更困難的挑戰中的問題；那些無法輕易判斷「對」或「錯」的問題。設計專業從此挺身迎戰。現在的設計師致力於解決美國人的肥胖問題、西非的生育健康，或是城市暴力和鄉村貧困等狀況。他們研究新生兒的產前護理，也圍繞著臨終的必然議題安排難以啟齒的對談。當然，設計師仍持續設計出更舒適的家具、更易讀的視覺圖像、更友善的數位介面，但他們的行動範圍已擴張到令人難以置信的程度。

這不像是有些評論者所聲稱的，設計師認為自己近乎全能，或一個本職是企業經理人、醫院行政主管還是國中教師的人，上完三天工作坊課程後，就能精通設計師費時數年累積的技藝。相反的，為解決這類層級的問題，我們學會和不同領域的專業人士合作：單打獨鬥的設計師已不多見，取而代之的是整合設計團隊，成員可能囊括民族誌研究員、行為經濟學者、數據科學家（data scientist），而在ＩＤＥＯ的編制裡，必定還有神經外科醫師、心臟科專家和一些律師。隨著問題的範圍擴大、複雜度提高，勢必需要更多專業領域加入，共商解決之道。

儘管現在我們面對的是既發散又全方位的挑戰，但從ＩＤＥＯ過去十年累積的專案內容來看，仍可辨識出一系列亟需處理的議題，目前有初步可行的設計方向。統整如下：

1. 重新設計過時的社會體系。
2. 復興參與式民主。
3. 因應自動車時代的都市設計。
4. 將人工智慧、智慧設備和大數據人性化。
5. 生物科技，並設計誕生與臨終。

6. 轉化線性經濟為循環經濟。

習慣依循詳細的設計綱要、精準時間表和固定預算的設計師，不會接受這種廣泛又無正確答案的任務。但我們認為這正是最值得學習的。後續內容將說明幾項策略，把這種層級的挑戰轉化為實際的行動方案。

1. 重新設計機構

當前最重要也最具威脅性的挑戰，牽涉到重新設計過時的社會體系：教育、醫療、傳媒、工作與商業。為迎接挑戰，我們被迫學習一整套全新的實作方法，而這套方法並不包含在藝術、工程甚至是設計學校的課程之中。我們把這套實作方法稱為「設計思考」以求溝通方便，但不應將其視為有明確進程和保證產出的固定準則。相反的，它應該如同一種理念、一種心態、一項在面對二十一世紀問題時，嶄新且以人為中心的策略。

舉個例子，秘魯商業鉅子羅德里奎茲—帕斯托（Carlos Rodriguez-Pastor）對其母國令人憂心的公立教育狀況感到不安，二〇一一年時向我們提出這種規模的設計要求。秘魯在經濟合作暨發展組織（Organization for Economic Co-operation and Development）針對閱讀、數學和科學素養的全球調查中經常墊底，而缺乏受教育的勞動力，可能讓秘魯錯失因經濟快速成長而帶來的機會。羅德里奎茲—帕斯托想設計的無非是一套新的教育體系，讓正逐漸成形但尚未富有的中產階級能受益，並且普及全國。難以想像其他更令人卻步的設計挑戰，但這就是設計師正在學習操作的專案規模。

所有以人為中心的設計過程中，第一階段就是了解待解決的問題範疇。在秘魯專案中，首先是選派五人研究小組，每位組員會深入利害關係代表人的生活中，從教師和行政主管、企業老闆和教育部官員，到家長和必不可少的學生。研究小組混合運用初級和次級資料收集方法：居家觀察、團體訪談、田野調查、實地參訪與數據資料後，產出一份待解問題的評估報告，包含相關的限制或可能性。接著才著手開始設計。

擴充後的團隊會絞盡腦汁，針對具推展性的義務教育（K-12 school system）不僅制定出策略，還有執行與管理的方法：課程、教學技巧和資源、師資培訓與發展、建物、營運計畫、數據資料主頁（dashboards）和知識分享系統，以及讓學校適度收取一百三十美元月費的基礎財務模型（遠見若無法靠正常市場機制維持，就可能只是個願景罷了）。二〇一八年，全秘魯有五十九間創新學校（Innova School）開學，超過三萬七千名學生註冊，聘用約兩千名教師。另外，墨西哥也導入改編後的制度，被稱為可能是拉丁美洲最具企圖心的私立教育措施。

為學校教室設計一套創新的座位方案是一回事，我們已經為Steelcase解決此問題；但處理創新學校這種規模的問題，需要完全不同的技能，應該說，是完全不同的心態。我們從秘魯專案中學到的，也是絕對必要的，是整合性系統設計的價值。即了解問題本質、用最大範圍的脈絡定義問題，並動員必要的專業領域——在此例中包含建築、課程設計與行為科學等專業，以利解決問題。而我們從創新學校專案獲得的重要洞察為——學校的設計就像太陽眼鏡、街道標誌或電動機車一樣，任何人類文明的人為作品，都可能是一項好的設計或是糟糕的設計，或只是當初欲解決的挑戰已不合時宜。

創新學校的經驗，讓我們幾乎無法避免地自問：「我們能做一次看看嗎？能在教育以外的領域進行嗎？」對於轉型中的文化而言，教育可能是最明顯的指標，不過仍有許多事物等著設計師、願意像設計師一樣思考的人，或是準備好像設計師一樣行動的人來介入處理。

2.重新設計民主

這號人物為羅根（Dean Logan），他有著洛杉磯郡選務處書記官（Los Angeles County registrar-recorder/county clerk）這個極度不具設計感的高階職銜。羅根的職位負責全美最大、可能也是人口結構最為複雜的選區，其選民人口在美國五十州中排名第八，並需要支援十多種語言。

二〇〇〇年的佛羅里達州選票爭議，似乎讓總統的正當性維繫於有瑕疵的打孔選票卡片上，也讓民眾對選舉制度的信心降到歷史新低。後來國會通過《協助美國投票法案》（Help America Vote Act），編列款項讓地方管轄單位升級設備。評估完洛杉磯的情況後，羅根直截了當地問：「我們能設計一套所有選民都適用的新投票系統嗎？」重新設計民主?當然可以!

若照過去的做法，可能將問題定義為重新設計一台使用五十年的投票機。但現在的設計師學著不從單一產品的角度來思考，而是從產品所體現的系統，即由立意、行為和權力結構交織而成的複雜社會網絡著手。如同我們的良師摩格理吉所言，我們學著不去思考事物：「如何將投票機設計得更好?」，而是行動：「能改進民主體驗更好的方式為何?」。當我們聚焦在事物上，就像設計師過去百年所做的一樣，便將自己限縮在一種漸進式的心態裡：更好的牙刷、更舒服的桌椅、更安靜的冷氣機。但當我們思考行動，就能突破問題的框架，並得以從所有問題中棘手的複雜面向下手，而這一直都是真正創新的條件。

我們最終和洛杉磯郡與高畫質遊戲科技評測網站Digital Foundry的友人共創的設計依據，很像在機械和軟體工程中進行的社會與行為科學研究。複雜系統有糾葛的利害關係，所以能接觸到不同利害關係群體的專業代表極其必要。因此，團隊花了數百個小時在觀察、傾聽、面談並進行使用者測試，以了解選民前往投票所的動機，或讓近三分之二的人不願前去的原因。他們與輪椅使用者、發展障礙者和失明等狀況的選民會面（連史提夫・汪達〔Stevie Wonder，美國失明藝人〕也幫忙測試其中一項原型）。也觀察工人把將配送到全國四千八百個投票所的投票機台搬上卡車，並與在機台抵達現場後協助組裝設備的志工訪談。另外，他們區分身體的限制與無形的阻礙，如安全性、隱私和信任，還學著在緊張的政治、法律和監管環境下進行工作。最後以此大範圍研究為基礎，團隊制定出一套設計準則，在用數十個原型進行測試後，成品總算企及那唯一、首要的理念：一台所有人都適用的機器。

此VOX專案能解決困擾美國民主的積弊嗎？可能沒辦法——我們偏好樂觀進取，卻不致於妄自尊大。就像賈伯斯二〇〇五年時在史丹福（Stanford）畢業典禮上致詞的內容，我們活著就是為「產生影響」。這個影響多深遠？二〇二〇年大選將啟用三萬一千台新投票機，到時見真章。

3.重新設計城市

我們對自己過去三十年來創造的產品和設備感到自豪：蘋果公司的滑鼠、掌上型數位助理 Palm V、禮來公司（Eli Lilly）救命用的胰島素注射系統等，希望能有更多創作。不過我們也震驚於過去十年中為達到第四次工業革命的需求，自己以及許多朋友、夥伴與競爭者的設計作品內容所拓展的程度，而拓展是由日新月異的科技和不斷整合的現代連網世界所驅動。這讓我們更了解，一件實體產品只是整體經驗的一小部分，夾雜其中的還有心理、文化、環境和道德選擇結果（ethical ramifications），且彼此間並無明確的分野。

一個明顯的例子與汽車的未來有關，而這與城市的未來密不可分。很多人對「自駕車」的想像仍與一百年前對汽車的想像相同：現在是不用人駕駛的汽車，過去則是不需要馬匹來拉的馬車。但我們從汽車的發展可以得知，重點不在於汽車本身，而是它如何全面地影響我們的生活：美國郊區興起，大量的城市基礎設施空間分配給道路、高速公路、停車場、加油站、車商、維修廠、報廢回收站；汽車文化，加上我們相對自滿的態度，代價是僅僅美國每年就有三萬五千起公路死亡事故。像福特（Ford）等公司正把他們的思考範圍從「汽車」轉為「行動」，設計師開始不從汽車思考，而是汽車欲解決的問題來著手。這讓我們也派出設計師的祕密武器：一些推測性的實驗。

我們常發現，當一群設計師對一個問題特別感興趣時，有必要分配資源來供他們研究問題、發展出觀點再建立實體、數位或體驗式的原型，讓他們能化理論為現實，與有興趣的潛在合作夥伴對話。其中一項專案由我們的行動小組進行，組員們對於即將到來的自駕車時代特別投入。在專案「自動行動的未來」（Future of Automobility）中，行動小組著手理解自駕車的基本技術——什麼是現實中做得到和做不到的，再就各種可能性開發出不同情境。在四個「數位章節」（digital chapters）中，他們探討人類在可預見的未來，一旦得以移除駕駛這個開車時最危險也最不可靠的因素後，如何讓交通工具仍能運送人、運送物品、搬移空間，還有共享共乘。

自動行動並不是指設計一台具未來感的蝙蝠車，也不是發明新一代的技術，這分別是科幻小說家和實驗室科學家的任務。我們視設計師的角色為預見可能面臨的近期狀況，並考慮如何在局勢失控前控制新興科技，「失控前」意即我們被迫適應新科技，而不是由我們掌控科技（應該要如此）。若能把現在美國人每年平均塞在車陣中的四十八小時轉化為生產時間呢？若我們能以最有效率的方式在城市內運送商品和服務呢？若我們用現存的都市基礎建設，並將個人的手持裝置設定成數位化辦公室，開一場線上會議？若早上通勤時，每個共乘乘客都能享有事先預定、客製化的座位，讓他或她可以閱讀、補眠、交流或獨享其他人不想聽的音樂？這不是有光學雷達（LIDAR）、超音波感測器（ultrasonic proximity sensors）、高度計（altimeters）和陀螺儀（gyroscopes）等技術就會實現，而是取決於我們如何定義行動。

4. 重新設計人工智慧

無論結果好壞（不過設計師的工作就是得到「好」結果），科技加快改變的步調是我們這個世代的特色。很難相信在近十年前，人工智慧仍停留在如一九八〇年代，甚至是一九六〇年代時的想像，那時一些史丹福和麻省理工（MIT），以及當時為人所知的卡內基美隆大學（Carnegie Institute of Technology）的科學家，開始構思能學習的機器。也能感嘆史丹福國際研究中心（Stanford Research Institute）Shakey機器人蹣跚的第一步，與波士頓動力公司（Boston Dynamics）開發的Atlas人型機器人的特技後空翻這兩者間的鴻溝。人工智慧和機器人已成現實，裝載臉部辨識軟體、手勢和口語介面，以及高等推理能力，但我們才剛開始探究它們的意涵。科技人性化一且都是設計的任務：讓科技可親、易於理解，甚至使人快樂，而這項任務也比過去來得更為重要和迫切。

在第一次機器時代，為因應大量生產的商品，設計師嘗試將藝術融入工業製品，工業設計的專業實務才逐漸成形；試圖妝點大眾媒體版面的商業畫家，也同樣地被受訓過的平面設計師取代；而電腦和數位產品的發明，讓印刷排版和電腦科學兩方激盪的火花催生出互動設計。到底將以人為中心的設計準則帶入人工智慧、智慧設備和大數據生產聯盟的意義為何？我想並不是強迫結合聯盟裡那些提防彼此的科技，而是產生一項全新的設計專業吧？

回到一九六〇年代，電腦先驅恩格爾巴特（Douglas Engelbart）在當時的史丹福國際研究中心創設擴增研究實驗室（Augmentation Research Center）；該實驗室並不致力於建造設備，而是「擴增」人類智識。一九六八年，恩格爾巴特透過「所有展示之母（the mother of all demos）」的現場示範，向世人展現初步概念。半個世紀後，受恩格爾巴特的影響，IDEO正式買下芝加哥的數據科技公司Datascope。我們一起推展新的實作規範，命名為擴增智慧設計（Design for Augmented Intelligence），簡稱D4AI。真正的下一代智慧產品——電話、汽車、服飾、醫藥、服務，會透過動態、靈活和回饋式的方法來銜接我們的日常生活。這不是數據工程師（data engineers）大規模地導入解決方案或是數據科學家（data scientists）研究新統計模型的問題；我們是在探討數據設計師（data designers）必須學習用數據和演算法工作，以創造一個真正以人為中心，而且沒有人工感的人工智慧。

5. 重新設計生命（和死亡）

大家都知道摩爾定律，該定律準確地預測出運算成本每十二到十八個月會降低一半；較鮮為人知的是卡爾森曲線（Carlson Curve），說明定序人類基因組每鹼基的價格——在二〇〇一年人類基因組計畫（Human Genome Project）完成的時候約是一億美元。我們也知道運算成本暴跌後，每個中學生的書包裡都有台可連網的電腦，其處理能力比當年美國太空總署（NASA）送三名太空人到月球時還優秀。有跡象顯示遺傳學也按照同樣的軌跡——從實驗室到產業應用，再到個人消費市場，而其影響也能類推。

當電腦從銀行、航空公司和軍隊的後台設備逐漸應用於戰後嬰兒潮的桌上型電腦、X世代的筆記型電腦、千禧世代的手持裝置時，基因資訊的商業應用正劇烈地成長。23 and Me公司從二〇〇七年開始提供個人基因檢測，在過去五年間，檢測費用已降低百分之九十。若將二〇一八年美國拉斯維加斯的消費電子展（Consumer Electronics Show）作為指標，有數百家新創公司正摩拳擦掌等著告訴我們關於我們祖先、後代和兩代間的所有資訊。位在加州奧克蘭（Oakland）生物科技中心的Habit公司，只要取得你的幾滴血、從口腔內膜取得的基因，以及一些基本新陳代謝的資訊，就能給你量基因訂做的專屬飲食建議（資料會寄回指定地址）。國家地理（National Geographic）則有Geno 2.0，一個要價六十九點九五美元的應用程式，訂閱者可靠手機輕鬆追溯到他們的尼安德塔人祖先。那不具專業知識的一般民眾在消費級基因檢測（consumer DNA）的美麗新世界裡該如何自處？

矽谷有越來越多的新創公司爭先恐後地想擠入基因檢測的新興消費性市場，而其中螺旋結構公司（Helix）找上我們，讓我們得以深究此問題。雖然這領域在過去十年裡蓬勃發展，但道德問題、繁瑣的法規環境和產品的潛在應用仍未解。技術快速發展成熟，而投資社群也願意出資。反而是人們不太清楚如何運用自己的基因數據。

為了得到解決方案，我們組織了一個包含民族誌學者、數據科學家和設計師的團隊，他們在全美各地調查一個約千人的族群樣本——早期使用者、量化生活者（quantified selfers）、滿懷好奇的新進者。從這份研究裡，我們得以確認在許多其他專案裡知曉的事情：人們不想只得到資訊（現在的資訊已經多到沒人能完全消化）；人們想要的是有意義且切身，還可以直接應用的資訊。一個受訪者說：「告訴我可以做什麼。」另一個受訪者說：「我需要建議、行動計畫、應用程式和工具。」、「除非有我能落實的做法，不然資訊只是空談。」這讓我們確立一系列主題（設計思考流程中的「綜合」階段），再轉化為一組設計指導準則，作為品牌策略的依據：螺旋結構公司向顧客收取一次性費用（八十美元，不是二十億美元），定序其基因後，再導向一個線上應用程式商店，內有以基因資料為基礎的各式商品：血統、家族、健身、健康、營養和娛樂（沒錯，有人會花錢買印上自己核酸序列（A-C-G-T sequence）的托特包），就像往管子裡吐口水一樣簡單。

我們的基因與生俱來，但在人類生命週期的另一端，則有更令人費解的問題：不是每個人都會選擇定序自己的基因、駕駛無人車、參與美國大選投票或者上秘魯的學校。但所有人、每一個人，終將離開塵世。這個必然的、普遍的、不變的事實一定得令人恐懼或視為凶兆嗎？

很難相信（不久前還滿足於設計吹風機和電子削鉛筆機的）設計師們現在已開始投身處理如此有深度的問題，不過這的確是現狀。我們透過開源、開放式創新的平台OpenIDEO，從全球近一百個城市集合十萬名公民設計師（citizen-designer）組成志工社群，集體貢獻才智以解決這種規模的問題：浪費食物、大規模監禁（mass incarceration）、為全球難民營中日益憔悴的三千三百萬名兒童提供教育資源。我們認為現在正是時候由設計處理最困難的棘手問題：如何為自己和所愛的人重新想像臨終經驗？該如何以不同的角度思考死亡？

有了薩特健康醫療中心（Sutter Health）和螺旋結構基金會（Helix Foundation）的贊助，並集結醫藥、法律和宗教專家的顧問小組的支持，OpenIDEO的團隊舉辦了一場設計挑戰、設定參數，並制定一系列目的和目標：重新想像死亡以創造有意義和勵志的臨終經驗；向深刻的文化傳統致敬並從中學習；嘗試與原本沒有明顯交集的人物、團體和專業人士建立夥伴關係，因為這個議題，他們可能提供重要洞見和資源。當設計思考家受具同理心的、以人為中心的承諾所激勵，以求改善人類現況，我們將如何揭開遮蔽此禁忌議題的黑色面紗？

6.重新設計未來

設計很明顯地已進入新的時代，原本堅信的基礎已動搖、舊規則亦不適用。當我們做出愚蠢或瑣碎的產品，只是害到自己；當我們無法因應新科技的挑戰時，卻危害了社會；而當我們以地球的永續性作為代價，致力追求短期獲利時，更害到了未來。正是著眼於更宏觀的視角，設計師——和設計思考家，已開始聚焦於自二〇一二年起被稱為「循環經濟」的議題之上。

現代社會的假設是資源無限、無窮無盡：誰曾想過未來會沒有石油可用？森林消失？無魚可吃？或是沒有地方可以丟棄不斷膨脹的物質繁榮帶來的副產物？但這正是我們面臨的困境：在每個轉折點迫於限制而陷入一種開始於礦場、採石場或鑽油平台，結束於垃圾掩埋場的線性經濟。

有無能力重新設計具有恢復性和再生性的工業體系，轉化廢棄物為下一代工業的養分，並重新思考產品生命週期從初始、中期和結束的假設，會成為評判我們這一代的依據。而我的用意是做出有力的聲明，不是在說教。另外循環經濟的好處就是，我們無需從利他主義和機會間、從良心和商業間二擇一。相信企業若接受循環經濟的準則，就能賺更多錢、減少物料成本、更好地運用資產，並與顧客創造更緊密的連結，同時顧好地球環境和人類。先前循環經濟是少數立意良善的活躍人士針對現代經濟的環境紅利（green margins）所持的主張，不過歐盟已宣布設定轉型至再生性的循環經濟為目標，亦為中國頒佈的十一五規劃中的國策。在主要會議中最主流的達佛斯世界經濟論壇（World Economic Forum at Davos）裡，循環經濟一直是討論的焦點，而越來越多的全球企業，像是蘋果、飛利浦（Philips）、Steelcase和萊雅集團（L'Oréal）等都承諾執行循環經濟。

二〇一七年，IDEO跟艾倫・麥克阿瑟基金會（Ellen MacArthur Foundation）合作，為有意加入循環經濟行列，但不知從何開始的企業規劃可實行的藍圖。透過（免費的）網路資源「循環經濟指南」（Circular Economy Guide），我們開始吸引產業領袖投身具恢復性和再生性、可創造新價值、具備長期經濟繁榮和生態穩定度，同時有獲利能力的商業模式。不同於過往的道德勸說（沒有它們，也沒有今天的我們），我們提出具體、實際的二十四種方法——可用作原型設計、試驗和規模化。

結論：設計的「再設計」

設計的邊界，在其百年歷史中，並不是由「一次又一次該死的事件」（向歷史學家湯恩比〔Arnold Toynbee〕致歉）推進，而是範圍不斷拓展的沿革。設計師曾為設計鬧鐘、商店裝潢和書封等要求運用自己的專業，現在正學著重新定義問題和擴大思考角度：我們要的是自駕車或是運輸？一台改良的投票機，或更豐富的民主體驗？更好的教室課桌椅，或可以為今日的孩子培養面對未來挑戰能力的教育？當人工智慧、合成生物學（synthetic biology）、智慧型材料和太空旅行等已成現實，個人可以做些什麼？我們需要的是為披薩翻面的機器人，或是安全、公正、容易取得的網路？一個提醒你瑜伽課快遲到了的應用程式，或是集結集體智慧以解決嬰兒肥胖、未成年懷孕，或高齡者安寧緩和照護？

美國著名的芬蘭裔建築師埃羅・薩里寧（Eero Saarinen）回憶他父親（下文中的埃列爾・薩里寧〔Eliel Saarinen〕）的建議：「在設計事物時，始終要考量更深入、最廣泛的脈絡：椅子所在的房間、房間所處的屋子、屋子所屬的環境、環境歸屬的都市計畫。」薩里寧父親的先見智慧，正是設計努力達到的目標：意識到即使是最枝微末節的人工產物也處於千絲萬縷的脈絡中，而盡可能地辨識且處理這些脈絡，正是精通設計的體現。

當設計的範圍拓展開來，埃列爾・薩里寧的「更深入、最廣泛的脈絡」向外擴張至宇宙、向內延伸至人類基因，我們學著將設計作為「平台」來思考——

許多架構得以立足之處：像是IDEO.org、我們的非營利組織鄰居D-Rev、將專業知識延伸貢獻於貧窮地區的社會企業Design that Matters，學術單位有西北大學（Northwestern）的Design for America，以及史丹福課程中的「極端經濟狀況的創業設計」（Entrepreneurial Design for Extreme Affordability），培育下一代的設計師處理經濟不平等和社會不公的挑戰。設計是一個漸進的過程、一項持續推展、不斷磨礪自身的實驗，讓我們在越來越艱困的世界裡能迎接挑戰。

IDEO創辦人凱利近日被問到，過去四十年間我們共同完成的數千個專案中，他個人最喜歡哪個。他毫無遲疑地回答：「下一個」。我們也這麼認為，當細思那些從人類社群搶走珍貴資產的無數挑戰：貧窮、氣候變遷、恐怖主義、歧視。當第一批工業設計師架起木板、當第一批平面設計師排好一頁版面、當第一代數位設計師探究網路的奧祕時，誰能預料到，由於設計師非傳統的訓練和反建制（anti-establishment）的實作，使其日後在處理重大議題上能扮演要角？

不過，這就是現在進行式，而我們正與其中最大的一項挑戰正面交鋒：設計的「再設計」。

感謝篇

說這本書是團隊努力的成果，顯然是廢話，但事實就是事實，的確有許多人對這本書做出無於倫比的貢獻。書中最重要的一些洞見，大多是他們的功勞。至於錯誤，當然全部算我頭上。

我的沉默夥伴 Barry Katz，透過他的美妙文采，讓我看起來比平常能言善道。感謝他對內容的諸多貢獻，他花費許多時間和精力把我的草稿變成可供大眾閱讀的文稿。

我的經紀人 Christy Fletcher 慧眼獨具，了解這個案子的潛力，把我引介給哈潑商業出版社的精采團隊，特別是編輯 Ben Leohnen。我聽說，書籍編輯藝術在現代出版界已近乎絕跡，但 Ben 讓我見識到，高品質的編輯和速度並非不能兩全。和他工作真是件愉快的事。

其他在專案過程中一路扮演指導角色的重要人士還包括：《哈潑評論》的 Lew

McCreary，他是〈設計思考〉（Design Thinking）這篇文章的初版編輯；Sandy Speicher、Ian Groulx和Katie Clark，他們打造出封面概念；Peter Macdonald，協助我調整心智圖；公關行銷Debbe Stern和Mark Fortier，費盡心力將本書介紹給大眾；Scott Underwood幫我確認了書中提及的IDEO專案；我的助理Sally Clark，雖然我想盡辦法要搞砸她的計畫，但她總是有本事讓我在正確的時間去到正確的地點。

在這本書的研究階段，我很高興有機會造訪幾個很棒的組織。尤其感謝亞拉文眼科醫院的Pavi Mehta和Thulsi Thulasiraj；David Green；印度國際發展企業的Amitabha Sadangi；以及博報堂的栫井真和伊藤直樹，感謝他們慷慨撥出時間，提供構想。

我很幸運，能跟一些聰明絕頂的人士合作，他們對我的思考方式影響深遠。其中很多人已在書中出現，但在此我要特別向以下幾位致敬：諾佛葛拉茲、努斯包姆（Bruce Nussabaum）、深澤直人、哈默爾、沙克拉（John Thackara）、蘇頓、馬丁和卡恰克，因為我的許多構想都是拜他們的才華之賜。我也要感謝TED大獎的安德森（Chris Anderson），他的精采會議讓我得到無數想法，並認識許多傑出人士，包括書中提到的一些。

還有IDEO的同事，我要感謝Whitney Mortimer、Jane Fulton、Paul Bennett、

Diego Rodriguez、Fred Dust和Peter Coughlan，感謝他們定期充當我的構想回應板。此外，沒有IDEO的專案就沒有這本書，所以我的同事和顧客，包括過去的和現在的，都是這本書的推手，是取之不盡的靈感來源。

本書也反映了我從設計師蛻變為設計思考家的過程。少了某些人的忠告，我恐怕永遠也不會踏上這條路。這些人包括我的父母，他們給我信心，讓我敢在所有朋友都選擇更有前景的事業時進入藝術學校就讀；摩格里吉，他做出冒險雇用我的決定；凱利，他願意信任我，把公司交給我管理；史壯（David Strong），他以無比的耐心和一名幾乎不會算術（更別提使用試算表）的設計師一起經營事業；哈克特，他的領導建言為我和同事提供了滴水不漏的安全網。

最後，也是最重要的，是感謝我的家人：Gaynor、Caitlin和Sophie。感謝他們容忍我經常不在家、容忍我把無數個週末花在電腦上，卻只能給他們這幾行小小的感激。

提姆・布朗

加州帕羅奧多

Foley, Dick Grant, Patrick Hall, Simon Leach, Dave Littleton, Suzie Stone, Jim Yurchenco
◆ 凱薩醫療中心的護士交班：Denise Ho, Ilya Prokopoff

Chapter 8

◆ 運輸安全署的檢查站：Gretchen Wustrack, Jonah Houston, Holly Bybee, David Janssens, Gerry Harris, Caroline Stanculescu, Jon Kaplan, Aaron Shinn, Roshi Givechi, Ashlea Powell, Yuh-Jen Hsiao, Dirk Ahlgrim, Anke Pierik, Carl Anderson, Santiago Prieto, David Haygood, Ted Barber, Judy Lee, Stephen Kim, Annie Valders, Davide Agnelli, Michelle Ha, Nina Wang, Lionel Mohri, Kelly Grant-Rauh, Tiffany Card
◆ 歐樂B的防滑握柄牙刷：Thomas Overthun
◆ 盤古有機的識別和包裝：Ian Groulx, Mary Foyder, Amy Leventhal, Kyle McDonald, Christopher Riggs, Philip Stob, Rovert Zuchowski
◆ 美國能源部的變焦計畫：Hans-Christoph Haenlein, Emily Bailard, Heather Emerson, Jay Hasbrouck, Adam Reineck, Jeremy Sutherland, Gabriel Trionfi

Chapter 9

◆ 惠普的萬用遠程交易機：Alexander Grunsteidl, Aaron Sklar, Paul Bradley, Peter Bronk, Mark Harrison, Jane Fulton Suri
◆ 聰明人基金和蓋茨基金會的漣漪效應：Sally Madsen, Ame Elliott, Holly Kretschmar, Rob Lister, Maria Redin, Aaron Sklar, Caroline Stanculescu, Jocely Wyatt
◆ 改善幼童教育策略：Hilary Carey, Suzanne Gibbs-Howard, Michelle Lee, Aaron Shin, Sandy Speicher, Caroline Stanculescu, Neil Stevenson
◆ 歐蒙戴爾公立小學的研究學習計畫：Hilary Carey, Colleen Cotter, Sandy Speicher

- 美國國鐵的Acela專案：Dave Privitera, Ilya Prokopoff, Axel Unger, Bill Stewart
- 萬豪的唐普雷斯套房旅館：Bryan Walker, Soren DeOrlow, Patrice Martin, Aaron Sevier
- HBO的未來願景：Alex Grishaver, Owen Rogers, Dan Bomze

Chapter 5

- 梅約診所的病患服務改善計畫：Dana Cho, Fred Dust, Ilya Prokopoff
- 美國銀行的「保存零頭」服務：Monica Bueno, Fred Dust, Roshi Givechi, Christian Schmidt, Dave Vondle
- 麗池卡登的「透視法」：Dana Cho, Roshi Givechi, Amy Leventhal

Chapter 6

- GRiD Systems的Compass筆記型電腦：Bill Moggridge
- 實耐寶的品牌體驗：Paul Bennett, Martin Bone, Owen Rogers
- 英特爾的行動平台影片：Martin Bone, Michael Chung, Gregory Germe, Arvind Gupta, Danny Stillion, Andre Yousefi
- 加州藝術學院的策略願景：Erik Moga, Brianna Cutts, Jeffrey Nebolini
- 美國紅十字會的捐血體驗：Patrice Martin, Monica Bueno, Kingshuk Das, Sara Frisk, Jerome Goh, Diem Ho, Lee Moreau, John Rehm, Beau Trincia

Chapter 7

- 諾基亞的ExV：Davide Agnelli, Katja Battarbee, Jeff Cunningham, Chris Nyffeler, Kristian Simsarian, Robert Suarez, John Tucker
- Steelcase的驚奇房：Mat Hunter, Ingrid Baron, Tim Billing, Scott Brenneman, Tim Brown, Phil Davies, Lynda Deakin, Alison

Chapter 2

- 疾病管制預防中心的Get in Shape：Jacinta Bouwkamp, Hilary Hoeber, Holly Kretschmar, Molly Van Campen, Chris Waugh
- Zyliss公司的廚具：Annetta Papadopoulis, Michael Chung, Hans-Christoph Haenlein, Dana Nichlson, Thomas Overthun, Nina Serpiello, Philip Stob, David Webster, Opher Yom-Tov, Jim Yurchenco, Robert Zuchowiski
- 社區營建者的方法與工具：Leslie Witt, Mary Foyder, Tatyana Mamut, Altay Sendil
- 蓋茨基金會的Gates-IDE HCD：Tatyana Mamut, Jessica Hastings, Sandy Speicher
- 美國健康照護改善協會及強生基金會的急診室專案：Peter Coughlan, Ilya Prokopoff, Jane Fulton Suri
- SSM健康照護的德波健康中心：Peter Coughlan, Jerome Goh, Fred Dust, Kristian Simsarian
- 姜尼伯金融的銀行顧客服務策略：Fran Samalionis, Gretchen Addi, Alex Grishaver, Aaron Lipner, Brian Rink, Rebecca Trump, Laura Weiss, Bill Wurz
- Palm的Palm V：Dennis Boyle, Joost Godee, Elisha Tal

Chapter 4

- 佳樂的Diego Powered Dissector System：Andrew Burroughs, Jacob Brauer, Scott Brenneman, Ben Chow, Niels Clausen-Stuck, Deuce Cruse, Thomas Enders, Dickon Issacs, Tassos Karahalios, Ben Rush, Amy Schwartz
- 蘋果的滑鼠：Douglas Dayton, David Kelley, Rickson Sun, Jim Yurchenco
- Vocera的通訊徽章：John Bauer, Scott Brenneman, Bruce MacGregor, Thomas Overthun, Adam Prost, Tony Rossetti, Craig Syverson, Stever Takayama, Jeff Weintraub

IDEO專案案例研究

在《設計思考改造世界》一書中，我提及許多專案和範例。其中一些來自廣大的企業、創新和設計世界，這些部分在主文中我都做過說明。另外有許多案例，是來自IDEO同事的經驗。為了行文簡潔起見，我把這些專案的有功人員匯聚在此。以下名單，是為了感謝參與這些專案的IDEO核心團隊成員，我的論述就是建立在他們的洞見和成就之上。感謝他們。

Chapter 1

- Shimano的Coasting自行車：David Webster, Dana Cho, Jim Feubrer, Gerry Harris, Stephen Kim, Burce MacGregor, Patrice Martin, Nacho Mendez, Anthony Piazza, Aaron Sklar
- 創新或死路一條的行動濾水車：David Janssens, John Lai, Adam Mack, Brian Mason, Eleanor Morgan, Paul Siberschatz
- 寶僑的Mr. Clean MagicReach：Chris Kurjan, Jerome Goh, Hans-Christoph Haenlein, Gerry Harris, Aaron Henningsgaard, Adrian James, Carla Pienkanagura, Anna Persson, Nina Serpiello, Jim Yurchenco
- 寶僑的「健身房」：Kristian Simsarian, Matt Beebe, Peter Coughlan, Fred Dust, Suzanne Gibbs Howard, Jerome Goh, Ilya Prokopoff
- 史丹福創新學習中心：Dana Cho, Fred Dust, Cheri Fraser, Joanne Oliver, Todd Schulte

創新觀點10

設計思考改造世界 十周年增訂新版

2021年1月二版
2023年5月二版三刷
定價：新臺幣380元

著者	Tim Brown
譯者	吳莉君
	陳依亭
叢書編輯	陳冠豪
校對	林怡珊
	吳欣怡
內文排版	林婕瀅
封面設計	兒日

出版者	聯經出版事業股份有限公司	副總編輯	陳逸華
地址	新北市汐止區大同路一段369號1樓	總編輯	涂豐恩
叢書編輯電話	(02)86925588轉5305	總經理	陳芝宇
台北聯經書房	台北市新生南路三段94號	社長	羅國俊
電話	(02)23620308	發行人	林載爵
郵政劃撥帳戶第0100559-3號			
郵撥電話	(02)23620308		
印刷者	文聯彩色製版印刷有限公司		
總經銷	聯合發行股份有限公司		
發行所	新北市新店區寶橋路235巷6弄6號2樓		
電話	(02)29178022		

行政院新聞局出版事業登記證局版臺業字第0130號

本書如有缺頁，破損，倒裝請寄回台北聯經書房更換。 ISBN 978-957-08-5668-2 (平裝)
聯經網址：www.linkingbooks.com.tw
電子信箱：linking@udngroup.com

國家圖書館出版品預行編目資料

設計思考改造世界 十周年增訂新版/ Tim Brown著．吳莉君、陳依亭譯．二版．新北市．聯經．2021年1月．336面．14.8×21公分．（創新觀點：10）
譯自：Change by design: how design thinking transforms organizations and inspires innovation
ISBN 978-957-08-5668-2（平裝）
[2023年5月二版三刷]

1.組織變遷 2.企業再造 3.工業設計

494.2 109019175